KB058187

아이의 문제는
부모의 문제다

아이와 함께 자라는 부모의 13가지 마음가짐

아이의 문제는 부모의 문제다

바오펑위안 지음
이예원 옮김

들어가며

아이는 희망이자 씨앗이다

〈소년중국설少年中國說〉에서는 '소년이 지혜로우면 나라가 지혜롭고, 소년이 잘 살면 나라가 잘 살고, 소년이 강하면 나라도 강하다.'라는 말이 나온다.

지금의 아이들은 우리 세대보다 훨씬 똑똑하다. 사회가 발달하면서 아이들은 훨씬 광범위한 정보를 접하고, 보다 더 빠르게 학습한다. 부모와 자식 사이의 소통에는 점점 더 장애물이 많아진다. 과거에 비해 요즘 부모 아이의 관계는 더 많은 도전과 복잡한 사회 환경에 직면해 있다. 그러다 보니 자녀의 인격을 기르고, 창의력을 향상시키고, 스스로의 가치를 느끼게 해주는 것이 부모들의 가장 큰 관심사다.

부모는 아이의 미래에 큰 기대를 하지만 가장 중요한 규칙을 간과한다. 아이는 부모의 그림자라는 것. 부모가 원본이면 아이는 복사본이다. 내 아이가 남다른 아이가 되길 바란다면 부모의 생각과 가치관이 먼저 바뀌어야 한다.

지난 10년 동안, 필자는 정신 에너지의 연결 작용과 물질 균형 관계 이론을 연구해왔다. 여러 사람을 상담하면서 필자는, 사람이 받은 상처는 대부분 부모나 그를 돌봐준 사람이 제공 한다는 것을 알았다. 성장하는 과정에서 공포, 실망, 원망, 자괴감, 두려움, 자책, 분노 같은 감정이 효과적으로 해소되지 않으면, 이런 감정들이 만든 세포 기억 속 잠재의식에 '프로세스'가 생성되고 유사한 환경에서 컴퓨터 바이러스처럼 자동으로 실행된다. 이는 우리 아이들의 삶에 영향을 준다.

비록 우리는 더 나은 삶을 원하지만 자신도 모르는 사이에 잠재의식의 영향을 받게 되고 자신이 처한 상황을 바꾸기가 어려워진다. 자신의 인생을 컨트롤 할 수 없는 사람은 항상 실패와 좌절을 느끼고 주변 사람, 주변 환경에 좋은 에너지를 가져올 수도 없을뿐더러, 국가와 사회에 가치 있는 공헌을 하기 힘들다.

생각이 그 사람의 인생을 만든다. 아이의 생각은 부모의 영향을 받는다. 부모의 생각, 말, 행동, 생활 태도, 감정 컨트롤과 자신과 부모와의 관계가 아이의 건강, 결혼, 대인 관계, 일에 영향을 준다.

부모는 아이의 인생을 성공시킬 수도 있지만 망칠 수도 있다.

아이가 나쁜 것을 피하고 행복하게 자랄 수 있는 비밀은 바로 부모와 가족의 손에 있다. 우리가 존중과 이해의 씨앗을 아이의 삶에 심으면 아이의 마음에는 행복이 자란다. 아이는 서서히 자신이 가치 있는 사람이라는 사실을 알고 국가와 사회에 좋은 에너지를 불어넣는 사람이 될 수 있다.

모든 사물의 존재는 규칙이 있다. 필자는 '부모 되기' 수업의 여러 사례를 통해 사람의 성장 과정에 영향을 주는 원인이 무엇인지를 알 수 있었고, 어떻게 하면 아이를 올바르게 키울 수 있을지를 쉽게 이해할 수 있었다.

오랫동안 '부모 되기 교육'을 연구하면서 필자는 아이와 부모의 관계에는 교육, 사랑, 수양, 지혜가 필요하다는 생각을 했다. 아이가 자랄 때는 사랑이 필요하다. 아이가 우리의 사랑을 진정으로 느끼려면 우리는 어떻게 해야 할까? 교육의 핵심은 아이가 어떤 공부를 하는지가 아니라 아이가 문제에 직면했을 때 스스로 고민하고 해결 방법을 찾도록 하는 것이다.

특히 0세부터 12세까지는 인격 형성의 가장 중요한 시기다. 이 시기에 형성된 아이의 인격은 그의 일생에 영향을 주고, 자손과 모든 가족에 영향을 준다. 만일 이 시기를 놓치면 돌이킬 수 없는 결과를 초래할 수도 있다. 우리는 낭비할 시간이 없다.

우리는 정말 아이를 사랑하고 최선을 다해 키우지만 아이는 나의 기대와 점점 멀어질 수 있다. 만일 나와 아이와의 관계가 난관에 부딪쳐 아이와 좋은 소통 관계를 어떻게 만들어야 할 지 모른다면, 이미 발생한 문제나 앞으로 발생할 문제를 어떻게 해결해야 할지 모른다면, 이 책이 당신을 도와줄 것이다.

우리가 스스로를 향상시켜 아이와의 관계를 개선하고, 가족의 에너지를 강화하고, 가족이 계속해서 발전하기를 바란다면, 아이가 우리보다 더욱 훌륭하고, 건강한 가정교육 속에서 즐겁고 행복하게 자라길 바란다면, 이 책은 아이와의 관계를 개선해주는 출발점이 될 것이며, 아이의 행복한 인생의 시작이 되어 줄 것이다.

부모가 아이에게 주는 영향은 실로 엄청나다. 아이의 문제는 부모의 문제다. 아이 문제를 해결하려면 부모 스스로 생각의 폭을 넓히고 더욱 지혜롭게 변하는 것부터 시작해야 한다!

CONTENTS

마음가짐 07
마음을 살찌우기 건강한 마음을 길러주자

마음가짐 08
언제나 수련하기 스스로 부족함을 잊지 말자

마음가짐 09
좋은 환경 만들기 안전한 쉼터를 만들어주자

마음가짐 10
바른 생각 전달하기 긍정적인 마음을 전달하자

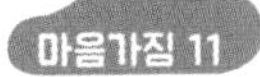

부모가 된다는 것은

지혜롭게 아이와 정신적으로 교감하며

생명을 이해하고 존중하는 법을 배우는 과정이다.

부모가 된다는 것은 자손을 낳고 가족과 가정을

유지 발전시키는 책임을 갖는다는 의미다.

마음가짐
01

원인을 살피기

아이의 문제는 부모의 문제다

- 아이를 낳았다고 부모가 되는 것은 아니다
- 부모가 되는 것도 공부가 필요하다
- 아이는 부모를 그대로 닮는다
- 문제는 아이가 아니라 부모의 잘못된 방식이다
- 나와 아이와의 관계를 인식하자

1

아이를 낳았다고 부모가 되는 것은 아니다

이 책을 읽는 당신은 이미 부모가 되었거나 곧 부모가 될 사람일 것이다. 여기서 질문 하나! 당신은 정말 부모인가? "당연하죠!"라고 발끈하는 목소리가 들리는 것 같다. 내가 하고 싶은 말은 당신의 자녀의 나이, 키와 상관없이 당신이 진정한 의미의 '부모'가 맞는가 하는 것이다. 부모는 아이를 낳았다고 해서 주어지는 자리가 아니다. 부모는 아이를 잘 키워야 하는 사람이다.

어린 시절부터 상하이에서 나고 자란 유태인 여성이 결혼 후 세 아이를 낳았다. 남편과 헤어진 후에는 혼자서 세 아이를 키웠다. 아이들이 어느 정도 자라자 그녀는 아이들을 데리고 자신의 고향 이스라엘로 떠났다. 이스라엘에서는 고된 노동과 매춘으로 하루하루를 버텼다. 그녀는 '아무리 어려워도 아이는 힘들게 하지 않는다.'는 중국식 삶의 원칙을 고수하며 아이들의 먹고 입는 문제를 혼자 해결하려고 노력했다. 아이들 역시 엄마가 자신을 위해 희생하는 것을 당연하게 받아들였다.

그녀의 교육 마인드와 유태인의 교육 마인드는 확연히 달랐다. 이웃들은 이들을 좋게 보지 않았다. 세 아이들은 매일 먹고 입는 걱정은커녕 엄마에게 온전히 기댔다. 한 이웃이 그녀의 큰 아이를 꾸짖었다. "얘야, 너도 이제 다 컸으니 엄마를 돕는 법을 배워야지, 고생하는 엄마를 보고만 있으면 안 되지 않니? 넌 쓸모없는 사람이 아니잖아." 그리고 엄마를 꾸짖었다. "아이를 낳았다고 다 엄마가 되는 것은 아닙니다."

이 이야기를 통해 우리는 '부모'라는 두 글자를 다시 생각해볼 필요가 있다. 이 세상에는 수많은 부모들이 있다. 그들 중에서 아이를 낳았으니 부모가 되었다는 생각을 안 하는 사람이 있을까? 내 생각엔 모두가 크게 착각하고 있는 것 같다. 아이를 낳았다는 것은 당신이 생리적으로 친부모라는 의미일 뿐 당신이 아이를 잘 기를 수 있는 능력을 갖추었다는 뜻이 아니다.

수많은 부모들이 '아무리 어려워도 아이는 힘들게 하지 않는다.'는 마음으로 자식을 키우고 있다. 그러나 이런 무조건적인 사랑은 오히려 아이의 건강한 성장을 가로막을 수 있다. 과연 이를 진정한 부모의 사랑이라고 말할 수 있을까?

훗날 위 이야기의 유태인 엄마는 아이들이 혼자서 할 수 있는 것은 스스로 하게 했다. 세 아이는 아르바이트를 하며 공부했고 집안을 위해서 열심히 노력하고 자신의 재능을 발견해 미래를 준비했다.

부모가 되는 것과 아이를 낳는 것은 별개의 문제다. 아이를 낳으면 자식이 생기지만 이는 하나의 관계일 뿐, 당신이 진짜 부모가 되었다고는 할 수 없다. 부모가 된다는 것은 아이와의 정서적인 교감을 통해 생명을 이해하고 존중하는 법을 배우는 과정이다. 부모가 된다는 것은 자손을 낳고 가족과 가정을 유지 발전시키는 책임을 갖는다는 의미다.

부모가 아이를 낳아 키우는 것은 한 사람을 올바르게 길러내는 것이며, 이는 인생에서 가장 중요한 일이다. 그러나 지금 이 일이 얼마나 위대하고 중요한지 모르고 아이에게 문제가 생겼을 때 그제야 후회하는 부모들이 늘고 있다.

'부모 되기' 교실을 수강한 한 엘리트 부부에게는 고민이 있었는데 바로 아들이었다. 이들 부부가 자기 자신의 성공에만 매진하는 동안 아이는 할아버지, 할머니 손에 컸다. 몇 년이 지난 후 부부는 회사를 세우고 유명한 기업가가 되어 꿈을 이루었다. 그러나 그 행복한 순간에 아들은 그들 곁에 없었다. 몇 날 며칠을 찾아 헤맨 끝에 그들은 한 PC 방에서 아들을 찾았다. 사춘기 반항이 시작된 아들은 부모의 말에 전혀 아랑곳하지 않았다. 아들은 하루 종일 PC 방에 살았다. 아들 걱정에 눈물이 마를 날이 없었다. "우리 아들이 돌아와 준다면 쌓아온 모든 것을 기꺼이 버릴 수 있어요." 그들은 자신들이 얼마나 큰 잘못을 한 것인지 비로소 깨달았다. 그리고 가진 것을 모두 다 바쳐서라도 아들이 돌아오기만을 간절히 기도했다. 그러나 세상에는 돈으로도 살 수 없는 것들이 너무 많다. 아이의 인성과 건강도 그렇다.

지난 몇 년간 나는 사회적으로는 굉장히 성공했지만 스스로는 실패했다고 생각하는 부모들을 많이 만났다. 그들이 실패했다고 생각한 이유는 하나같이 '자식 농사'였다. 아이를 통해 그들은 인생의 큰 고통을 겪었고 많은 깨달음을 얻었다. '인생에서 가장 중요한 것은 회사도, 성공도, 재산도 아니다. 바로 자식이다.' 안타깝게도 많은 사람들이 아이에게 정성을 쏟아야 할 시기에 오히려 자신의 '일'에 모든 것을 바친다. 아이 교육 문제는 학교, 노부모님, 도우미에게 맡기고 자신은 바쁘다는 핑계로 아이와의 교감에 소홀하고 심지어 때로는 아이를 화풀이 대상으로 삼고 아이에게 상처를 준다. 이 모든 행동은 아이의 마음에 분리불안, 공포, 우울, 두려움이란 '씨앗'을 심는다. 이 '씨앗'은 어느 시점에 나쁜 기운이 되어 아이의 인생과 행복에 치명적인 영향을 준다.

"어릴 때 부모에게 체벌을 당한 적이 있나요?"라는 질문을 할 때마다 많은 사람들이 손을 든다. "아이를 때린 적이 있나요?"라고 질문을 하면 또 많은 이들이 손을 든다. 사람들은 처음 부모가 자기에게 한 것과 똑같은 방식으로 아이를 체벌한다. 이것을 세포기억이라고 한다. 일종의 잠재의식 속 작용인 것이다. 아이는 커서 부모와 같은 방식으로 자신의 아이를 가르친다. 그래서 아이를 키울 때는 부모의 생각과 행동을 바꾸는 것이 우선되어야 한다.

사람의 인생은 작은 행동에서 시작되고 행동은 생각에서 나온다. 생각은 의식과 잠재의식이 동시에 작동하면서 만들어진다. 의식은 우리가 알고 있는 것이고, 잠재의식은 모르는 사이 우리의 행동으로 나타난다. 인생은 바로 이 잠재의식의 결과다.

옷은 얼마든지 바꿀 수 있고, 유치원도 바꿀 수 있고 학교도, 선생님도 바꿀 수 있지만, 부모는 절대 바꿀 수 없다. 아이가 훗날 어떤 사람으로 성장하는가는 부모에게 달려 있다. 아이가 유년 시절에 받은 가정교육이 그의 인생을 결정한다. 현실에서 많은 부모들은 자신이 아이의 성장에 얼마나 중요한 존재인지 모른 채, 바쁘다는 핑계로 아이와 함께 있는 시간을 소홀히 한다.

부모가 된다는 것은 머나먼 여정이다. 부모는 아이를 잘 기르겠다는 책임감을 가진 사람이다. 아이의 마음을 읽고 존중하고, 아이의 가치를 발견하고 아이에게 자유와 힘을 실어주는 것이 진정한 사랑이다. 중요한 것은 아이를 이해하고, 아이를 위해 행동하고, 후회 없는 동반자가 되어 아이를 위해 최선을 다하는 것이다. 이것이 신싸 사랑이다. 부모가 된다는 것은 단지 부모라는 이름을 얻는 것이 아니라 아이를 위해 모든 것을 희생할 수 있다는 것을 의미한다. 우리는 부모가 되는 법을 다시 공부해야 한다.

2

부모가 되는 것도 공부가 필요하다

회계사는 회계사 자격증이 필요하고, 교사는 교사 자격증이, 변호사는 변호사 자격증이 필요하다. 하물며 운전을 할 때도 운전면허증이 필요하다. 그런데 이 세상에서 가장 많은 사람이 종사하는 업무인 '부모'의 자격증은 없다. 무면허 운전자보다 무자격 부모가 훨씬 더 위험하다는 사실을 아는 사람은 거의 없다. 무자격 부모는 아이의 정신과 영혼에 큰 상처를 준다. 실제로 우리 주변에는 무자격 부모가 꽤 많다.

자격증도 필요 없고, 최소한의 기본 교육조차 받지 않기 때문일까? 우리는 부모가 되는 과정에서 이런 저런 여러 가지 오해를 한다. 무엇이 중요한지 헷갈리는 것이다. 아이의 두뇌 개발에만 지나치게 치중해서 아직 말을 제대로 하지 못하는 아이에게 숫자, 글자 심지어 영어 공부까지 시키지만 아이의 인격 형성은 중요하게 생각하지 않는 부모가 많다. 이들은 아이의 학습 강도만 중시한다. 아이가 심리적으로 힘들어할 수 있고, 아이도 놀이의 즐거움을 느껴야 한다는 사실은 안중에 없다.

중요한 것은 아이의 영혼을 맑게 해주고, 정서적으로 윤택한 삶을 살게 해주는 것이다. 사람이 즐거움을 느끼면 에너지가 상승하고, 즐겁게 배우면 학습의 효과는 배가 된다. 즐거움 속에서 더 많이 성장할 수 있다.

어떤 부모는 아이의 생각은 무시하고, 아이 대신 모든 것을 직접 결정한다. 아이는 두 살만 되어도 주관이 생긴다. 부모는 소통을 통해 아이와 애착 관계를 강화하고 아이가 무엇에 관심이 있고 어떤 생각을 하고 있는지 그의 마음을 읽어야 하며 아이와 함께 결정을 내려야 한다. 그러나 실제 많은 부모들이 겉으로는 "다 너를 위한 거야." 라고 말하면서 자신이 원하는 대로 결정한다. 정작 아이는 그것을 원하지 않는데도 말이다.

어떤 부모는 어디까지 사랑을 줘야 할지 잘 몰라 아이를 맹목적으로 사랑한다. 그 결과 그의 사랑은 사랑이 아니라 오히려 '장애물'이 된다. 아이에 대한 부모의 지나친 관심 때문에 아이는 '무한한 사랑'에 갇혀 스스로 성장할 공간을 잃는다. 그러다 보면 자율성이 떨어지고 좌절이나 실패할 기회조차 상실할 수 있다.

항상 아이 옆에 있어 주지 못하는 부모도 있다. 사회가 빠르게 발전하면서 사람들이 받는 사회적 스트레스도 그만큼 늘어난다. 많은 부모들이 아이를 할머니나 할아버지, 도우미에게 맡긴다. 물론 할머니와 할아버지, 도우미도 아이가 잘 먹고 잘 자라고, 다치지 않게 잘 보살펴주지만, 부모의 역할을 완벽하게 대신할 수는 없다. 부모의 교육이 부족한 아이는 인격에 문제가 생길 수 있다. 바쁜 부모는 항상 아이 옆에 있어 주진 못하더라도 일에 치여서 아이와 함께하는 시간까지 희생해서는 안 된다.

사실, 아이와 부모의 연결고리, 특히 엄마와의 연결고리는 자연의 섭리이며 이는 그 무엇도 대체할 수 없는 관계다. 현대 심리학 연구에서 보면 갓 출생한 아이는 시각과 청각으로 엄마와 다른 사람을 구별할 수 있으며, 엄마도 아이의 울음소리를 듣고 내 아이인지 아닌지를 알 수 있다고 한다.

부모와 아이의 연결고리에는 보이지 않는 특별한 정신적 교감이 존재한다. 아이가 자라면서 부모와의 연결고리는 아이의 건강한 성장에 중요한 역할을 한다. 아이와 부모의 연결고리는 아이가 사회생활을 시작할 수 있는 버팀목이다. 부모는 아이 인생에서 가장 가깝고 중요한 선생님이다.

부모가 된다는 것은 우리 삶에서 정말 중요한 일이며 많은 전문성이 요구되는 자리다. 아이를 훌륭한 사람으로 키우고 싶다면 부모가 되는 법을 공부해야 한다. 공부를 하면 '부모'에 관한 오해에서 벗어날 수 있고, 올바른 양육 가치관을 형성해 아이를 건강하게 키울 수 있는 지혜가 생긴다. 또 공부를 통해 양육에 도움이 되는 전문 지식을 쌓을 수 있다.

똑같은 사회의 환경 속에서 어떤 사람은 정말 꼭 필요한 인재가 되고, 어떤 사람은 아무것도 이루지 못하는 쓸모없는 사람이 된다. 그 이유가 무엇일까? 가정교육은 사람에게 정말 중요한 영향을 미친다. 가족 구성원이 아이에게 물려준 생각의 차이가 전혀 다른 결과를 가져온다. 그래서 부모와 가족 구성원의 가치관과 생각이 무엇보다도 중요하다. 부모의 잘못된 생각은 아이의 인생에 안 좋은 영향을 준다.

우리는 모두가 좋은 부모가 되길 희망한다. 하지만 희망과 그 희망이 현실이 되는 것은 별개의 문제다. 우리는 이 고비를 잘 넘겨야 한다. 더욱 지혜로운 부모가 되면 아이에게 행복한 미래를 열어줄 수 있다.

아이를 키우는 것은 한 권의 책을 읽는 것과 같다. 우리가 좀 더 노력하고 마음을 쓰면 아이를 통해 세상에서 가장 달콤하고 값진 보람을 느낄 수 있다. 우리도 동심으로 돌아가 아이와 좀 더 다양한 공감을 할 수 있을 것이다. 물론 아이를 키우는 일은 가장 복잡하고 어려운 책을 읽는 것과 같다. 책에는 이해조차 되지 않는 부분도 있지만 걱정할 필요 없다. 우리가 아이를 우리 인생에서 가장 중요한 일로 생각하고 겸허한 마음으로 부모가 되는 법을 공부한다면, 우리를 향한 아이의 순수한 사랑과 벅찬 감정을 느낄 수 있을 것이다.

3

아이는 부모를 그대로 닮는다

아이가 이 세상에 처음 왔을 때는 조금도 때 묻지 않은 순수함 그 자체였을 것이다. 하지만 자라면서 그 아이는 선량하고 남에게 베풀 줄 아는 사람이 되기도 하고 자신 밖에 모르는 사람이 되기도 한다. 훗날 아이의 모습은 그의 부모가 써 내려간 책의 결말이다. 부모가 원본이면 아이는 복사본이다. 한 아이를 보면 그의 부모가 어떤 사람인지를 알 수 있고, 부모를 보면 그의 아이가 어떻게 성장할지 알 수 있다. 다른 사람을 보면서 우리는 이 말이 '일리가 있다.'고 생각하지만, 정작 이 말을 나에게 대입해 생각하면 '나는 아니다.'라고 착각한다.

하오하오의 엄마는 하오하오를 자랑스럽게 생각했다. 하오하오는 어릴 때부터 예의바른 아이였다. 하루는 엄마가 하오하오를 데리고 할머니 집에 놀러갔는데, 하오하오가 사촌 동생이랑 놀면서 사촌 동생에게 바보라고 놀리는 것이다. 엄마는 너무 놀라서 하오하오에게 "왜 동생을 바보라고 놀리는 거니, 한 번도 누구에게 그런 소리를 안 하던 애가 왜 그러니." 하며 다그쳤다. "엄마도 나한테 바보라고 했잖아요. 엄마는 되고 왜 나는 안 되는 거예요!" 하오하오의 말에 엄마는 한 대 맞은 사람처럼 멍해졌다. 며칠 전에 하오하오에게 산수를 가르쳐줄 때 몇 번을 알려줘도 못 알아듣자 자신도 모르게 혼자말로 "아휴, 너무 바보 같아. 정말 돌아버리겠어." 라고 말한 것이다. 하오하오의 말에 엄마는 아무 말도 할 수 없었다. '부모가 원본이라면, 아이는 복사본이다.' 라는 짧지만 강력한 메시지는 그녀에게 큰 깨달음을 주었다.

많은 경우, 우리는 아이를 통해 그 부모의 그림자를 본다. 물론 좋은 그림자도 있지만 나쁜 그림자도 있다. 부모는 아이에게서 안 좋은 모습이나 나쁜 습관, 버릇을 발견할 때 바로 혼내려 들지 말고 먼저 나 자신에게 문제가 없었는지 돌아봐야 한다. 언제 어디서나 항상 스스로의 말과 행동을 조심해야 한다. 왜냐하면 세상에서 가장 순수한 사람이 항상 내 곁에서 나를 지켜보고 있으니까 말이다.

부모의 말과 행동은 아이의 성장에 많은 영향을 준다. 아이들은 천진난만하고 세상 물정을 잘 모른다. 그래서 부모의 말 한 마디, 행동 하나하나가 그의 인생에 굉장히 중요하다. 아이는 자신도 모르게 부모와 자신을 동일시하고, 부모의 말과 행동을 그대로 따라한다.

엄마가 화장하고 꾸미는 일에 공을 들이는 모습을 보고 자란 아이는 자신을 예쁘게 꾸미는 것을 좋아한다. 부모가 부정적인 표현을 많이 하는 사람이라면 아이도 마찬가지로 부정적인 표현을 많이 한다. 부모가 욕설을 자주 하면 아이도 똑같이 욕설을 한다. 이 모든 것이 가정교육의 결과물인 셈이다.

부모는 스스로를 다시 돌아봐야 한다. 아이에게 나쁜 기억과 실수, 나쁜 에너지가 들어가지 않도록 노력해야 한다. 내가 밥을 먹을 때 하는 말, 일상생활에서 하는 말은 모두 아이의 마음에 그대로 복사가 되어 아이의 미래에 지대한 영향을 준다.

그래서 부모는 아이가 함부로 말을 할 때 '혹시 나에게 문제가 있었던 것은 아닐까.'라고 자신을 돌아봐야 한다. 예전에 어떤 엄마가 큰 소리로 아이에게 빨리 손을 씻으라고 말하는 모습을 본 적이 있다. "왜 엄마 말 안 들어, 또 혼나잖아."라고 말하자, 아이는 대수롭지 않은 표정으로 말했다. "나는 엄마한테 큰 소리 내라고 한 적 없어요. 엄마가 처음부터 화를 내고 싶었던 게 아닐까요?" 그 아이가 정확히 본 셈이다. 부모는 자기 자신의 문제로 이성을 상실한다는 사실을 알아야 하고 모든 잘못을 아이에게 덮어씌우지 말아야 한다. 아이는 자신의 의지와 상관없이 부모의 마음을 치유해주는 정신과 의사가 되기도 하고 부모가 감정을 해소하는 대상이 된다.

아이를 교육시킬 때 부모들은 인내심을 잃기 쉽다. 하지만 부모와 아이의 '친자 관계'는 대등한 관계가 아니다. 부모가 대부분의 권리를 가지고 있으니 그만큼의 책임도 져야 한다. 부모와 아이가 서로를 비난하고 공격하는 문제를 해결하려면 먼저 어른이 책임감 있는 모습을 보여야 한다. 부모는 아이를 가르칠 때 귀를 닫지 말고 자신이 내뱉은 말을 모두 기억해야 한다. 아이들은 실수를 할 수밖에 없다. 그래서 어른인 부모의 지도가 필요한 것이다. 아이는 아직 어리고, 세상 물정을 다 이해하지 못하기 때문에 부모가 아무리 화를 내도 문제가 어디에 있는지 알기 어렵다.

아이를 가르칠 때, 부모는 아이의 잘못을 분명히 지적해야 한다. 하지만 욕설로 아이를 비난하는 일은 없어야 하며, 체벌이나 폭력은 절대 용납할 수 없는 행동이다. "너 정말 어쩔 수 없구나.", "넌 답이 없어." 등의 부정적인 말들은 피해야 한다. 이런 말들은 아이에게 잘못이 어디에 있는지 분명하게 알려주는 대신 아이가 '정말 나는 문제 덩어리구나.'라고 인식하게 할 뿐이다. 이런 아이는 나중에 자신을 경멸하고 자포자기하는 사람이 된다. 부모는 아이에게 "냅킨으로 입을 깨끗이 닦아야지."라고 차근차근 설명을 해주어야지 다짜고짜 "정말 짜증나, 넌 왜 그러니."라고 말해서는 안 된다.

가정도 하나의 학교다. 가정교육은 아이의 평생을 결정하는 기초교육이다. 모든 가정이 각자의 교육 방식이 있다. 집안 분위기, 부모의 말투, 부모의 행동이 아이에게 결정적인 영향을 준다. 그리고 눈에 보이지 않지만 이 모든 것들이 아이의 인품과 자질을 형성한다. 가정교육은 세상의 어떤 학교도, 사회도 대신 제공해줄 수 없다.

그래서 부모는 아이에게 서로 사랑하고 아끼고, 이해하고 포용하고, 서로를 믿는 행복한 모습을 보여주어야 한다. 우리는 아이에게 열심히 공부하고 노력하는 모습, 기꺼이 남을 도와주고, 감사할 줄 아는 생기 넘치는 모습, 부모를 공경하고 친구와 사이좋게 지내는 모범적인 모습을 보여주어야 한다. 이런 부모 밑에서 자란 아이는 어떤 환경에 처하든 어릴 때부터 보고 자라면서 가진 좋은 기억이 원동력이 되어 마음이 더욱 단단해지고, 그 에너지로 용감하게 위기를 헤쳐 더 나은 삶을 살게 될 것이다.

아이는 부모의 그림자다. 아이는 부모의 판박이다. 부모는 스스로에게 더욱 엄격해야만 한다. 부모는 좋은 모범이 되어 아이에게 훌륭한 성품을 길러주고 아름다운 미래를 열어주어야 한다. 우리는 지금부터 '원본'으로서 스스로를 더욱 아름답게 가꾸어야 한다. 우리가 스스로를 더 아름답고 훌륭하게 가꾸도록 꾸준히 노력하면 우리의 '복사본'이 우리보다 더욱 찬란하고 빛난 사람이 될 수 있을 것이다.

문제는 아이가 아니라 부모의 잘못된 방식이다

아이를 가르치는 것은 우리의 인생에서 가장 중요한 일이다. 세상 모든 문제 중에서도 아이를 가르치는 일은 결코 녹록치 않다. 우리는 이성적이고 논리적으로 아이의 문제와 그 원인을 파악해야 하며, 진심을 다해 아이의 마음을 이해하려고 해야 한다. 자식 교육은 진심을 다할 때 더욱 효과적이다. 부모의 평소 행동 하나하나 말투 하나하나에서 자식 교육의 철학과 자식을 사랑하는 모습이 여과 없이 그대로 드러난다. 자신의 교육관을 반성하지 않고 자신의 생각과 행동을 바꾸지 않은 채 무작정 아이를 가르치려 든다면, 오히려 기대한 것과 다른 결과를 가져올 수 있다.

리우 여사는 한 기업의 행정부서 임원이다. 그녀는 아이를 가진 후부터 항상 아이 교육에 신경을 많이 썼다. 특히 일 때문에 아이에게 소홀해지는 것을 절대 용납하지 않았다. 아이를 잘 키우기 위해, 그녀는 아이가 어릴 때부터 좋은 음악을 들려주며 좋은 정서를 길러주려 했고, 문화적 소양을 길러주기 위해 애썼다. 사람을 대할 때 아이는 그녀가 바란 대로 예의 바르고 양보할 줄 알며 어른을 공경했다. 아이가 똑똑하고 귀엽다보니 늘 주변의 사랑을 한 몸에 받았다. 그러나 아이는 자라면서 점점 변해가기 시작했다. 아이는 때로는 난폭하게 돌변하기도 하고 때로는 한 없이 나약한 모습을 보이기도 했다. 지금은 아이에게서 똑똑하고 지혜로웠던 어릴 적 모습을 전혀 찾아볼 수 없었다. 리우 여사는 너무 당황했다. 내 아이가 왜 그런 걸까? 무슨 일이 생긴 걸까? 공들여 키운 아이가 왜 이렇게 변한 것일까? 그녀는 끝없이 고민했다.

사실, 아이의 모든 행동은 부모에게 스스로를 반성하고 돌아보라고 신호를 보내는 것이다. 리우 여사와 상담을 하면서 리우 여사가 회사에서 일할 때의 모습을 하고 아이를 교육시켰다는 것을 알 수 있었다. 그녀는 아이를 자신이 관리해야 하는 부하직원으로 생각했고, 자식 교육의 성과를 자신의 목표로 정했다. 더 좋은 실적을 올리기 위해 그녀는 많은 노력을 했다. 하지만 이 과정에서 그녀는 아이와 교감하는 기회를 놓쳤다. 그녀는 아이에게 100% 공감해주지 못했고 일방적으로 아이에게 "이렇게 해.", "저렇게 해야지." 하며 사무적인 태도로 지시했다. 이 세상의 모든 사람은 각자의 개성과 주어진 사명이 있다. 나이가 들면서 아이는 자아의식도 점점 강해져 자유를 원하고 부모와 평등한 관계를 갈망했다. 아이는 엄마의 방식을 거부하여 엄마를 당황스럽게 만들었다. 내 설명을 듣고 리우 여사는 "결국 모든 문제가 저에게 있었군요."라며 자신의 잘못을 깨달았다. "아이를 바꾸려면 먼저 스스로 변해야 합니다." 리우 여사는 내 조언을 마음에 새겼다.

당신의 세계는 나의 세계가 아니다. 나의 세계도 당신의 세계가 아니다. 사람과 사람은 저마다 다 다르다. 모든 사람은 독립적인 하나의 개체이며, 자기만의 에너지와 성장의 길이 있다. 그래서 우리는 서로를 존중해야 한다. 지난 몇 년 동안 상담을 하면서 나는 중요한 사실을 깨달았다. 모든 아이가 세상에 처음 나올 때는 행복하고 즐겁고 개성이 넘쳤다. 하지만 그 중에서 부모의 교육 때문에 더 이상 행복하고 즐겁지 않은 아이가 생긴다. 원래 공부가 즐겁고 쉬운 일이라고 생각했는데 부모가 간섭하면서 공부가 재미없고 어렵게 변한 아이도 있다. 이 세상에 나쁜 아이는 없다. 부모도 아이를 너무 사랑한다. 하지만 잘못된 방법을 사용하는 부모가 많다.

부모가 지나치게 간섭하고 엄격히 관리하면, 아이의 지기 관리 능력이 떨어진다. 우리는 아이에게 적절히 자유를 줘야 한다. 규칙을 정하고 결정을 하기 전에 아이와 충분히 이야기를 나누고 아이 스스로 깨달아 규칙과 결정을 받아들이고 인정하도록 해야 한다. 아이의 자아의식이 강해지면 자존감도 강해진다. 부모는 아이를 대신해 결정해줄 수 없다. 아이의 잘못된 행동을 발견하면 부모는 먼저 아이를 존중하고 자존심을 지켜주어야 한다. 그러면 아이가 긍정적이고 선량한 마음을 가질 수 있도록 도울 수 있고 아이도 스스로 자신의 잘못을 잘 알고 부모의 조언을 기꺼이 받아들일 수 있을 것이다. 하지만 반대의 경우는 오히려 아이를 자극해 반항심만 불러일으켜 역효과가 날 수 있다.

현실에서 아이가 반항을 하는 근본 원인은 부모가 납득하기 어려운 태도나 방법을 취하기 때문이다. 아이가 실수를 하면 부모는 아이가 스스로 잘못을 깨달을 수 있게 노력하기 보다는 체벌이나 훈계를 먼저 선택한다. 부모는 아이에게 많은 기대를 한다. 하지만 아이와 평등한 입장에서 대화를 하지 않으면, 아이의 마음속에는 부모에 대한 원망이 자라게 된다.

아이의 성적이 조금이라도 떨어지면 부모는 막무가내로 혼을 내고, 훈계를 하고 잔소리를 한다. 심지어 '사랑의 매'라는 이름으로 포장한 폭력을 불사하기도 한다. 이런 잘못된 행동은 아이의 건강에도 해를 끼치지만 마음에도 평생 씻을 수 없는 상처를 남긴다. 부모가 아이를 혼내거나 매를 든 후에 아이에게 사랑한다고 말하고 안아주어도 아이가 받은 상처는 쉽게 치유되지 않는다. 그렇게 시간이 점점 흘러, 아이는 점점 반항적으로 변하고 부모에게 적대적인 감정을 갖게 된다. 그렇게 되면 아이가 과연 부모가 바란대로 성공하고 훌륭한 사람이 될 수 있을까?

우리는 아이를 바꾸려고 애를 쓰면서, 정작 자신을 바꾸려는 생각은 하지 않는다. 우리는 아이를 고치려고 노력하지만 문제의 원인이 무엇인지는 찾으려 하지 않는다. 우리는 자신의 행동을 모두 옳다고 생각할 뿐, 자신이 아이의 성격과 품성을 만든 선생님이자 장본인이라고 미처 생각하지 못 한다. 아이가 어떤 사람이 되길 바란다면 부모 스스로부터 그 사람이 되려고 해야 한다.

아이는 부모 인생의 연장선이며, 부모의 그림자다. 아이는 부모의 거울이자, 가족의 미래이며 더 나아가 국민과 국가의 미래이자 희망이다. 우리가 부모로서 건강한 인격과 올바른 사고를 가지고 있어야 아이에게 좋은 영향을 줄 수 있다. 부모는 사회에서는 자신의 삶을 위해 노력하고, 집에 돌아온 후에는 지치지 않는 나의 아이에게 집중해야 한다. '내가 아이의 좋은 롤모델이다.'라는 점을 항상 잊지 말고, 사랑과 행동으로 아이를 대해야 한다. 아이에게 폭력을 행사하거나, 인내심을 잃고 행동해서도 안 된다. 아이를 어떤 목표 달성을 위한 도구로 생각해서도 안 된다. 그래야 우리 아이가 자유를 존중하는 평등한 가정환경 속에서 건강하게 잘 자랄 수 있다는 사실을 반드시 기억하자.

5

나와 아이와의 관계를 인식하자

부모와 자식은 도대체 어떤 관계인가? 친구 관계라고 하는 사람도 있고, 함께 성장하는 관계라고 하는 사람들도 있다. 다년간 연구와 사례 분석을 살펴보면 부모와 자식의 관계는 하나의 계통 관계이며, 상호 영향을 주는 관계라는 사실을 알 수 있다. 부모의 생각과 말과 행동이 아이에게 영향을 주고, 부모의 인생도 아이를 통해 좀 더 발전하고 성장한다.

필자는 다년간 연구를 진행하면서 부모와 자식 간에는 교육, 사랑, 수양, 지혜의 네 가지 관계가 존재한다는 사실을 발견했다.

첫째, 교육. 가정교육은 한 사람의 인생을 결정한다. 훌륭한 가정교육을 받고 자란 아이는 적응력도 뛰어나고 성인이 된 후에도 자신감이 넘치며 문제를 슬기롭게 처리할 수 있고, 용감하며 인내심이 강하다. 그리고 리더의 자질도 있다. 불우한 환경에서 좋지 않은 가정교육을 받은 아이는 정서적으로 불안하고 성인이 된 후에도 쉽게 화를 내며 스스로를 통제하지 못하고, 남과 잘 어울리지 못하며 극단적으로 변하기 쉽다.

우리는 아이가 건강하고 즐거운 삶을 살기를 바란다. 그러나 사회가 빠르게 발전하고 변하면서 우리도 초심을 잃은 것 같다. 어느 순간부터 아이가 좋은 학교에 들어가 많은 돈을 벌고, 높은 위치에 오르는 것을 성공한 교육으로 생각한다. 하지만 인내심과 신념, 마음의 평화가 부족한 사람은 아무리 큰 성공을 거두어도 절대로 행복할 수 없다. 아이를 가르칠 때는 눈앞의 이익보다 아이가 행복하고 건강한 사고를 가질 수 있도록 집중해야 한다.

맛있고 영양가 가득한 음식은 아이를 건강하게 만들어준다. 아름답고 진취적인 생각은 아이의 영혼을 살찌우고, 선량하고 긍정적인 마음을 길러 준다. 우리는 영원히 아이 곁에 함께 할 순 없지만, 아이의 생각은 그의 일생을 함께 한다. 우리는 아이를 가르칠 때 그가 커서 성공한 사람이 되길 바라는 마음을 버려야 한다. 대신 아이가 자신의 내면과 대화를 하는 법, 성공만을 맹목적으로 추구하는 삶이 아닌 스스로 진짜 원하는 삶이 무엇인지 찾는 법을 기르쳐야 한다.

둘째, 사랑. 부모는 자식을 사랑하고 자식은 부모를 사랑한다. 때로는 부모의 자식 사랑이 자식의 부모 사랑보다 못할 때도 있다. 부모의 사랑은 조건부 사랑일 때가 있지만 아이의 사랑은 조건 없는 사랑이다. 우리가 살면서 내 뜻대로 아이를 구속한 적은 없는지, 아이가 내 기대치를 충족시켜주기만을 기대하지 않았는지, 아이가 내 뜻대로 되지 않으면 화가 난 적은 없었는지, 진지하게 생각해보자. 우리는 정말 아이를 사랑하는 것일까?

"나는 정말 내 아이를 사랑해요. 그 무엇과 비할 수 없을 정도로 사랑합니다. 내 모든 것을 아이에게 걸었어요."라고 말하는 사람도 있다. 사실 그가 말한 사랑은 사랑이 아니라 희생이다.

우리는 자신의 행동을 '사랑'이라는 이름으로 포장한다. 하지만 그것은 사랑이 아니라 오히려 아이를 해치는 경우도 많다. 아이를 사랑하려면 아이를 존중해야 한다. 평소에 아이에게 사랑받고 있고, 즐겁게 살아간다는 감정을 느끼게 해주어야 한다.

셋째, 수행. 아이는 나를 온전히 완성하기 위해 왔다. 아이를 교육시키는 과정에서 우리는 늘 많은 깨달음을 얻는다. 무수한 깨달음 속에서 삶을 인식하고, 더 많은 에너지를 얻고, 스스로를 좀 더 나은 사람으로 완성해나간다. 아이를 통해서 나의 부족한 점을 돌아보고 고쳐야 할 부분, 달라져야 하는 점들을 발견한다. 나는 수업 시간에 마음 치유 방법을 이용해 아이의 문제를 해결한다. 하지만 아이가 굳이 함께 수업을 들을 필요는 없다. 왜냐하면 진짜 문제는 아이가 아닌 부모에게 있기 때문이다. 부모의 문제를 발견하고 이를 해결하면 부모의 에너지는 자연스럽게 가족에게 흘러 들어간다. 아이도 가족의 구성원으로서 좋은 에너지를 흡수하고 스스로 바뀐다. 환경이 인간의 행동을 바꿀 수 있는 것이다.

아이의 현재는 부모의 어제다. 지금 아이가 우리에게 소리를 지르는 모습은 어제 우리가 그에게 소리를 질렀던 바로 그 모습이다. 지금 아이가 우리에게 짜증을 내는 모습은 어제 우리가 아이에게 짜증을 냈던 모습이다. 지금 아이가 다른 부모처럼 능력이 없다고 원망하고 있다면 어제 우리도 아이에게 다른 아이처럼 잘하지 못한다고 화를 냈을 것이다. 지금 아이가 자기 비하에 나약한 모습을 보이는 이유는 어제 우리가 아이에게 완벽해지라고 강요했기 때문이다. 지금 아이가 부모가 무책임하다고 원망한다면 어제 우리도 아이에게 똑같이 원망하는 모습을 보였을 것이다.

아이를 키우는 과정 자체가 수행의 길이다. 깨끗하고 순수한 아이의 영혼은 어른들의 이기심 때문에 더러워질 수 있다. 부모는 자식이라는 거울을 통해 스스로를 계속 돌아보고 고쳐나가야 한다. 그리고 자신을 바꾸면서 솔선수범해야 한다. 이런 노력을 통해 우리는 더 나은 자신도 만나고 아이에게 밝은 내일도 만들어줄 수 있다.

넷째, 지혜. 아이의 문제는 단순하지 않다. 점, 선, 면으로 비유를 한다면 아이의 문제는 단순히 한 점의 문제가 아니라, 선과 선이 이어지면서 면이 되는 문제이다. 문제 상황 대부분이 한 개인의 문제가 아니라 가족 전체의 문제다. 따라서 부모가 변할 때 아이도 변할 수 있다. 아이에게 문제가 생기면 부모도 아프다. 하지만 아이 문제가 해결되면 부모도 깨끗이 낫는다.

아이를 바꾸는 것은 부모의 생각과 행동을 바꾸는 것에서부터 시작해야 한다.

우리는 아이에 관한
이런 저런 문제를 많이 고민하고 지대한 관심을 보이면서
정작 나 자신의 행동과 마음에는 신경을 쓰지 못한다.
단지 아이가 이렇게 했으면 좋겠다고 생각할 뿐,
우리 눈에 비친 아이의 모습이 곧 나 자신이라는 사실을 간과하고 있다.

마음가짐
02

생각 바로잡기

부모가 변해야 아이가 변한다

- 교육이라는 이름으로 아이의 본성을 해친다
- 자녀교육의 핵심은 자기 교육이다
- 훌륭한 엄마가 있으면 3대가 행복하다
- 나의 생각을 변화시키는 것부터 시작하자

1

교육이라는 이름으로 아이의 본성을 해친다

한 사람의 인생은 스스로 부단히 학습하는 과정에서 서서히 완성되어 간다. 우리 모두에게 최초의 학습 환경은 부모가 의식적으로 또는 무의식적으로 만들어준 환경이다. 부모로서 알고 있는 지식도 대부분 우리 부모 세대의 경험을 바탕으로 한다. 우리 대다수는 더 좋은 부모가 되기 위한 전문 교육을 거의 받지 않았다. 그래서 우리는 자신도 모르게 우리의 부모님이 우리를 교육한 방식으로 내 아이를 가르친다.

> 훼이저우에서 강연을 할 때의 일이다. "자녀 교육의 대부분은 우리가 이미 경험했던 것에서 출발합니다."라는 말이 끝나기가 무섭게 조금 왜소한 체격에 그늘진 표정을 한 사람이 갑자기 강단 위로 뛰어올라와 말했다. 그는 유아교육에 종사한

다고 자신을 소개하며 이렇게 말했다. "선생님, 갑자기 생각났는데, 어릴 때 군인이었던 아버지는 제가 말을 안 들을 때마다 이렇게 손을 머리에 올리게 하고 벽에 기대게 했습니다." 그는 직접 똑같은 자세를 취해 보였다. 그의 눈에는 분노가 가득했고, 얼굴에 증오가 넘쳤다. 그리곤 그는 다시 자신의 머리카락을 들어 보이며 머리의 상처를 보여주었다. 나는 그에게 말했다. "당신의 아이가 화나게 할 때 어떻게 하는지 보여주세요." 그는 아이의 머리를 움켜쥐고 벽으로 밀어 붙이는 동작을 취했다. 단지 이전과 차이가 있다면 얼굴에서 분노가 보이지 않았다.

"아버지가 당신을 때릴 때 느낌이 어땠나요? 그때 아버지가 뭐라고 했는지 기억나시나요?"

"너무 두려웠습니다. 공포를 느꼈어요. 안 때렸으면 좋겠다는 생각만 했습니다."

그래서 나는 방금 그가 했던 아이의 머리를 손으로 움켜쥐고 벽으로 밀어 붙이는 동작을 반복하게 했다. 동작을 할 때마다 "머리를 치지 마세요."라고 말하게 했다. 그는 같은 동작과 말을 여섯 번쯤 반복하더니 내면에 잠재해 있던 분노가 폭발해 결국 울부짖기 시작했다. 강연장의 600여 명이 넘는 사람들은 이 장면에 충격을 받았다.

그는 자신의 머리를 움켜쥐며 울부짖었다. 비록 5분도 채 안 되는 시간이지만, 그에게는 완벽하게 분노를 해소하는 시간이었을 것이다. 한 사람이 억압을 당하고, 그 감정을 해소하지 못하면 같은 상황에 직면했을 때 마음 속 깊은 곳에 숨어 있던 감정들이 폭발한다. 많은 사람들이 별일 아닌 상황에서 갑자기 다른 사람들이 상상조차 못했던 행동을 보이는 이유도 바로 여기에 있다. 어릴 적 경험으로 생긴 감정들이 무의식중에 나의 삶에 스며들고, 부모에게 학대당한 경험을 고스란히 자신의 아이에게 똑같이 행한다는 사실을 누가 알았겠는가! 더 비극적인 것은 부모들은 자신의 행동을 '교육'이라는 이름으로 포장한다는 것이다.

짧지만 길었던 몇 분의 시간을 통해 그는 점점 안정되었다.

"지금은 아이를 때릴 때 아이의 마음이 느껴지시나요?"

"우리 아이도 공포를 느꼈을 것 같습니다. 그리고 '때리지 마세요. 너무 무서워요.'라고 말하고 싶었겠죠."

이미 마흔을 훌쩍 넘은 그지만 감정이 북받쳐 흐느껴 울기 시작했다. 그의 눈물은 부모에 대한 원망이 아니라 자신이 아이를 때리고 상처를 준 것에 대한 후회의 눈물이었다. 그는 얼굴을 두 손으로 감쌌다. 그 모습은 방금 무대로 난입했던 강하고 무서운 모습이 아니라 나약한 한 인간의 모습이었다. 무대 위 조명 아래 그는 어린아이 같았다. 나는 그를 진심을 다해 꼭 안아주며 그가 다시 아버지로서의 삶을 살아갈 수 있기를 격려했다. 사람들의 박수가 쏟아졌다.

많은 경우, 우리의 감정은 우리의 생각을 지배한다. 이 감정은 우리가 어린 시절에 심어놓은 '씨앗'일 것이다. 우리가 예전에 했던 경험을 똑같이 다시 경험하게 되면 그때의 감정을 느끼고 후회할 일을 하게 된다. 만일 '씨앗'을 효과적으로 제거하지 못하면 나쁜 감정과 부정적인 정서가 우리의 삶의 하나하나에 새겨진다.

부모는 아이에게 상처를 줄 수 있는 사람들이다. 우리는 아이에게 사랑한다고 말하지만 행동, 말투, 감정을 통해 오히려 아이에게 상처를 준다. 어린 시절을 돌이켜보면, 우리도 부모로부터 많은 상처를 받았다. 그래서 우리는 자신의 경험과 기준만 가지고 우리의 다음 세대를 가르쳐서는 안 된다. 잘못된 방식으로 아이를 대해서는 안 되며 그런 상처들을 다음 세대에 물려주지 않도록 해야 한다. 그러려면 우리부터 달라져야 한다.

물론 많은 부모들이 자식 교육의 중요성을 누구보다 잘 알고 있다. 그래서 부모들은 똑똑한 아이를 만드는 법을 가르쳐주는 수업을 듣고 열심히 공부한다. 그리고 아이에게 자기가 배운 것을 '테스트' 한다. 하지만 '테스트'가 초래할 결과를 책임지기는커녕 아이가 잘 따라오지 않는다고 불만을 토로하며 훌륭한 사람이 되지 못할 거라고 단정한다.

예전에 '자녀 교육의 N 가지 방법'이라는 강좌 개설을 준비 중이라며 나에게 조언을 구하러 온 사람이 있었다. 나는 그에게 이렇게 말했다. "자녀 교육은 방법의 문제가 아니라 품성과 행동으로 하는 것입니다." 그는 내 말뜻을 제대로 이해하지 못했고 나에게 보여주려고 했던 자료들을 가지고 돌아갔다. 그의 뒷모습을 보면서 나는

'아이는 물건이 아닙니다. 기술이나 방법으로 관리를 하면 안됩니다.'라는 생각을 했다.

사람에게는 의식과 잠재의식이 있다. 사람은 육체적인 욕망보다 정신적인 욕망이 강하다. 사람은 서로 다르다. 사람은 환경에 속해 있는 부속품이어서 집단의식의 영향을 받는다. 아무리 훌륭한 자녀교육 방식도 아이에게 무조건 적용한다면 아이의 본성을 말살시킬 수 있다.

지난 몇 년 동안 나는 우울증에 걸리거나 자폐증을 겪고 있는 아이들을 만났다. 대부분의 아이들이 부모가 자기만족을 위해 사용한 '교육' 때문에 변한 것이었다. 많은 부모들은 '교육'이라는 이름으로 자기 자식을 결국 원치 않은 결과물로 만들어버린다. 그런데도 부모들은 자신의 '교육 방식'을 받아들이지 못한 아이를 원망한다. 정말 잘못을 한 사람은 당사자들인데도 말이다. 모든 결과는 여러 가지 일들과 필연적으로 연결되고 인과 관계를 형성한다. 교육을 할 때 자연의 섭리를 반드시 존중해야 한다.

아이를 한그루의 나무라고 생각하자. 우리가 좋은 환경을 만들어 주고, 충분한 영양을 공급해주면 아이는 훌륭하게 자랄 것이다. 우리는 아이가 무럭무럭 자라는 환경이 되어 좋은 동반자로서 올바른 사고, 가치관, 사랑과 관심으로 아이를 지켜주어야 한다.

자녀교육의 핵심은 자기 교육이다

아이의 지능은 감각에서 개념으로 발달한다. 눈, 귀, 코, 입 그리고 의미의 지각을 통해 사물을 인식하고 개념을 형성한다. 이를 바탕으로 개념을 정립하고 개념과 개념의 관계를 세운다. 감각은 우리의 과거부터 지금까지 관련된 모든 관계를 확장시켜 연결해주고, 주관과 객관 사이에 다리를 놓아 개인과 우주, 지구상의 모든 생명을 하나로 이어준다. 감각을 통해 아이는 세상을 인지하고 인지를 통해 생각하고 생각을 통해 행동하고 행동을 통해 결과를 만들며 결과를 통해 인생을 만든다.

가정은 아이가 생각을 깨우는 요람이며, 부모는 아이의 첫 번째 스승이다. 가정은 아이의 성격을 형성하는 가장 중요한 기초이다. 모든 아이의 성장은 부모와 많은 관계가 있고 부모의 자녀교육에 대한 생각의 영향을 받는다.

인간의 사물에 대한 인식과 이해는 어릴 때 경험에서 출발한다. 유년 시절에는 생각이 성숙하지 않아, 가족 구성원의 생각, 언어, 감정이 아이의 잠재의식 속에 '씨앗'을 심는다. 이는 아이가 성인이 된 후의 생각과 행동 방식을 결정하고, 일생에 영향을 준다.

이 선생은 부인과의 관계가 그냥 그렇다. 그에게는 이번이 두 번째 결혼이다. 비록 사랑스러운 아이가 있지만, 정신적으로 항상 뭔가 부족한 느낌이다. 그는 무슨 일을 해도 즐겁지 않다. 이 선생은 말이 별로 없고 말할 때 목소리도 기어들어가고 우울한 느낌을 풍긴다. 현재의 모습은 바로 그의 어린 시절 경험이 만들어낸 것이다.

여섯 살 때, 이 선생은 친구와 즐겁게 놀면서 친구에게 장난감을 선물했다. 그때 어머니가 문을 열고 들어와 장난감을 확 빼앗으며 크게 화를 내고 그를 때렸다. 알고 보니, 어머니는 그날 돈을 잃어버렸는데, 그가 몰래 돈을 훔쳐 장난감을 샀다고 생각한 것이었다. 그를 때리는 어머니 앞에서 그는 큰 소리로 울며 돈을 훔치지 않았다고 외쳤다. 하지만 어머니는 그의 이야기를 듣지도 않고 더욱 화를 냈다.

그 당시의 한 장면을 떠올리면서 이 선생은 당시 자신이 느낀 공포감과 좌절을 다시 한 번 느끼게 되었다. 그는 어머니의 분노한 얼굴을 만나고 비난의 목소리를 들었다. 그의 온몸은 마치 매를 맞는 것처럼 덜덜 떨리고 아팠다. 그의 마음속에 '좋은 것을 얻으면 억울함에 처할 수 있고 고통을 받는다.' 하는 생각이 자리 잡은 것이다. 그의 마음속에 심어진 '씨앗'이 그의 삶에 영향을 주었고 자신의 결혼 생활, 일, 돈 그 무엇에도 아무런 감흥이 없었다.
자신의 감정을 드러내고 해소한 지 반년이 지난 지금, 이 선생은 말한다. "아내와의 관계가 예전보다 좋아진 것 같고, 일을 할 때도 많은 변화를 느꼈습니다." 그는 이제 내면에서 오는 기쁨을 느끼기 시작했다.

한 사람의 세포 기억은 100% 진실이며 오차가 있을 수 없다. 사람의 잠재의식 속에 머물러 있는 감정의 씨앗도 에너지가 넘쳐난다. 그 에너지는 나의 에너지를 소진시켜 온전히 내가 누려야 할 것들을 정작 누리지 못하게 된다. 원래는 즐거운 생각을 하고 있었지만 멘탈 프로세스의 작용으로 몸이 자연스럽게 안 좋은 반응을 보이기 시작한다. 내 마음을 분명히 말하고 싶지만 멘탈 프로세스의 영향으로 말을 할 수 없게 되고 스스로를 억압한다. 이런 상황이 반복되면 결국 자신의 생각을 정확히 전달할 수 없게 된다.

나쁜 감정의 씨앗이 깨끗이 제거되고 생각이 바뀌면, 사람은 자신이 누려야 하는 것을 진정으로 누릴 수 있다. '마음이 모든 것을 결정한다.'는 말처럼 모든 사람들은 자신이 만든 세계에서 살고 있다. 마음 속 깊이 자리 잡은 생각의 나쁜 '씨앗'을 제거하면 삶이 달라지고 하고자 하는 것들을 이룰 수 있다.

즐거움은 긍정적인 에너지를 향상시켜 준다. 부정적인 마음은 긍정적인 에너지를 없앤다. 사람의 생명과 성장, 자연의 기본 구성은 바로 에너지다. 사람이 어려움에 직면하거나 어떤 일을 어려움으로 정의 내리면 공포와 두려움이 생기고 결국 현실 도피를 선택한다. 우리는 즐겁게 공부하고 성장해야 잠재력을 최대한 발휘할 수 있다. 아이에게 지나친 압박과 스트레스를 주면, 아이는 '막중한 책임'까지 떠안게 된다. 이는 아이의 인생에 걸림돌이 되고, 그는 더 효과적으로 전진하지 못한다.

아이가 보여주는 여러 가지 증상은 모두 마음에서 원인을 찾을 수 있다. 마음의 '응어리'가 다양한 '불치병'을 만들어낸다. '응어리'는 마음에 담고 있는 감정으로, 비록 윤리 도덕과 무관하지만 가정교육이 만들어낸 결과이다.

가정은 아이가 이 세상에 나와 처음 세상을 공부하고 성장하는 첫 번째 장소다. 어린 시절은 한 사람의 성격, 자질을 형성하는 중요한 시기다. 부모가 아이를 대하는 태도와 방식이 아이의 인생과 가치관에 결정적인 영향을 준다.

부모가 정서적으로 문제가 생기면 아이의 눈, 귀, 코, 입, 몸, 생각이라는 감각을 통해 형성된 '씨앗'이 아이의 잠재의식에 뿌리내리고, 하나의 프로세스를 만든다. 그리고 아이가 자라면서 멘탈 프로세스는 서서히 힘을 발휘하고 아이의 삶과 운명에 언제든 영향을 준다. 심지어 임신 기간에도 엄마의 감정, 나쁜 생각들이 아이에게 많은 영향을 준다.

사람의 인격이 자라고 자아 가치를 깨닫는 데 있어 가장 중요한 시기는 12세 이전으로 부모와 성장 환경에서 '무조건적인 사랑'이 자양분이 된다. 이 시기에 아이에게 가장 중요한 교육은 지식을 가르쳐주는 것이 아니라 밝고 선한 감정을 만들어주는 것이다.

아이의 모습은 모두 부모가 만든 것이다. 부모의 잘못된 교육과 부모의 여러 가지 감정이 아이에게 영향을 주고, 그 결과가 자손대대로 대물림된다. 아이를 사랑하고 반성할 줄 아는 부모는 아이를 바꾸는 것에만 몰두하지 않는다. 그들은 자기 자신부터 바꾸려고 노력하고 교육의 핵심을 아이가 아닌 자신에게 둔다.

아이의 문제는 모두 부모에서 출발한다. 인격적으로 문제가 많은 아이는 부모에게 맞고 자란 아이가 아니다. 부모가 아이의 마음을 들여다보지 못하면 인격적으로 문제가 생긴다. 사회는 계속 발전하지만, 가정의 기능은 점점 후퇴하고 있다. 아이들은 병들어가고 있고, 그 병의 원인은 바로 부모에게 있다.

훌륭한 엄마가 있으면 3대가 행복하다

'여자가 시집을 잘못 가면 일생을 망치고, 남자가 장가를 잘못 가면 3대를 망친다.'는 말이 있다. 여자는 가족의 중요한 계승자이자, 양육자이자, 교육자이다. 여자는 가족의 앞 세대의 행복, 현 세대의 기쁨, 다음 세대의 미래를 결정한다.

빌 게이츠Bill Gates는 "당신 인생에서 가장 현명한 결정은 MS를 만든 것인가요, 아니면 자선 사업을 한 것인가요?"라는 질문에 이렇게 대답했다. "모두 아닙니다. 나와 잘 맞는 배우자를 만나 결혼한 것입니다." 워런 버핏Warren Buffett도 같은 질문에 이렇게 대답했다. "인생에서 가장 중요한 결정은 어떤 투자를 했는가가 아니라 누구와 결혼하는가입니다."

훌륭한 엄마는 가정에 많은 영향을 미친다. 아이들의 성장에서 엄마의 역할은 그 누구보다도 중요하다.

한 엄마가 아들이 유치원에 입학한 후 처음으로 학부모 회의에 참가했다. 선생님은 그녀에게 "아들이 너무 산만한 것 같습니다. 3분도 가만히 있질 못해요. 의사에게 한 번 진료를 받아보시는 게 어떨까요?" 라고 말했다.

집으로 돌아온 후 아들은 엄마에게 선생님께서 무슨 말씀을 하셨는지 물었다. 엄마는 쏟아지려는 눈물을 꾹 참고 아들에게 이렇게 말했다. "선생님은 너를 칭찬하셨어. 원래는 1분도 잘 못 앉아 있는데 지금은 3분이나 견딜 수 있다고 말이야. 다른 엄마들도 엄마를 부러워했어. 우리 반에서 우리 아들이 제일 많이 성장했거든."

그날 저녁, 아들은 엄마에게 밥 먹여 달라고 투정부리지 않고 혼자서 두 그릇을 해치웠다. 아들이 초등학교에 입학한 후 학부형 회의에서 선생님은 말했다. "50명 학생 중에서 아들이 49등입니다. 병원에 가서 한 번 검사를 받아보시면 어떨까요? 혹시나 IQ에 문제가 있을 수 있으니까요."

집으로 돌아온 후 엄마는 조용히 눈물을 닦고 아들에게 말했다. "선생님께서 너를 믿으신대. 조금만 더 노력하고 열심히 하면 충분히 잘할 수 있다고 말이야." 엄마의 말을 들은 아들의 눈에 걱정스러운 눈빛이 사라졌다. 아들은 활짝 웃어보였다. 다음 날 아들은 새벽부터 학교에 등교했다.

아들이 중학교 입학한 후 학부형 모임에서 선생님은 그녀에게 말했다. "아들의 성적으로는 고등학교 합격은 조금 어려울 것 같습니다." 집으로 돌아가는 길에 그녀는 말했다. "선생님께서 너에게 너무 만족하신다. 조금만 노력하면 좋은 고등학교에 들어갈 수 있다고 하셔."
대입 시험이 끝나고 그녀는 아들에게 "분명 합격할 수 있을 거라고 믿어."라고 말했다. 그리고 정말로 아들이 합격할 거라고 믿었다. 합격 발표가 난 후 아들은 칭화대학의 합격통지서를 엄마의 손에 쥐어주며 울면서 말했다. "엄마 저는 항상 제가 똑똑한 아이가 아니라는 것을 알고 있었어요. 그런데 엄마는…."
엄마의 눈에도 눈물이 고여 있었다. 10년이 넘는 시간 동안 마음속에 꽁꽁 숨겨놓은 눈물이 한꺼번에 터져 나온 것이다.

이 엄마는 정말 위대하다. 그녀는 자신의 사랑과 간절한 바람으로 아들을 훌륭한 사람으로 키웠다. 우리는 평소에 어떻게 아이를 대할까? "빨리 숙제나 해!", "정말 한심해. 네 꼴을 좀 봐!", "선생님께 또 불려가야 하다니, 정말 쪽팔려서!" 우리는 자신도 모르게 무차별적인 훈계와 비난을 퍼부으며 우리의 아이를 자포자기의 늪으로 밀어 넣고 있는 것은 아닐까?

이 엄마는 아이를 사랑하는 마음으로 최선을 다해 아이를 보호했다. 우리는 그녀에게서 배워야 한다. 우리의 사랑으로 '말썽꾸러기'를 훌륭한 인재로, '미운 오리 새끼'를 '아름다운 백조'로 만들 수 있다는 것을 알 수 있다.

아이도 우리와 마찬가지로 칭찬을 받고 싶어 한다. 우리는 아이와 가장 가까운 사람이다. 만일 우리조차도 아이를 알아주고 칭찬해주지 않으면 아이는 세상에 대한 믿음을 잃어버릴 것이다. 기억해야 한다. 아이가 건강하게 성장하려면 우리의 격려와 칭찬이 필요하다. 특히 엄마가 몸소 보여주는 교육이 가장 필요하다.

그 어떤 상황에서도 아이에게 "왜 이렇게 말을 안 들어?", "꾸물거릴래!", "정말 멍청하구나!"라는 말은 해서는 안 된다. 당신이 화가 나서 무심코 내뱉은 말이 아이에게 어떤 영향을 줄 것인지 생각해 보았는가? 이런 말들은 아이의 자존심과 자신감에 큰 타격을 준다. 아이는 존재 가치를 상실하게 되고 스스로 낙담하고 심지어 잘못된 길로 나가기도 한다.

아이가 자라면서 필요한 것은 긍정적인 에너지다. 우리는 긍정적인 언어와 행동으로 아이에게 무궁무진한 긍정 에너지를 주어야 한다. 그래야만 아이는 자신감을 얻게 되고 유쾌한 기분으로 즐겁게 생활하고 의욕적으로 공부를 할 것이다.

우리의 노력과 행동을 통해 우리 아이는 날이 갈수록 더욱 멋지게 변할 것이다.

엄마는 자녀에게 정말 중요한 사람이다. '국가와 국가의 경쟁은 사실 엄마들의 경쟁이다.'라는 말이 있다. 우리가 바른 양육 방법을 열심히 공부해서 올바른 부모가 되면 우리의 힘으로 국가와 세상을 발전시킬 수 있다!

4

나의 생각을 변화시키는 것부터 시작하자

생각은 우리의 행동, 성격, 직업, 일상생활을 모두 지배하는 하나의 힘이다. 부모의 교육 철학은 아이의 생각을 결정하고 아이의 행동과 미래를 결정한다. '부모 되기' 강좌에 참여한 한 아버지는 자신의 아이가 소년원에 들어가게 된 문제를 해결하고 싶었다. 상담을 진행하며 그는 아이의 문제가 사실 그의 생각 문제로 인한 것임을 알게 되었다.

> 하오하오는 원래 똑똑하고 공부 잘하는 아이였다. 아이가 초등학교 때는 지역의 우수생으로 선발이 되었지만 아버지는 대수롭게 여겼다. 그들 부부는 어릴 때 공부를 열심히 하지는 않았다. 하지만 아버지는 음식 솜씨가 좋아 어머니와 함께 식당을 열었고, 식당은 굉장히 잘 됐다. 대학 졸업은 했지

만 자신보다 못사는 친구들과 함께 있을 때 아버지는 늘 우월감을 가졌다. 그래서 아들에게도 항상 말했다. "공부 잘해도 소용없다. 공부 잘해서 뭐하니? 아빠를 봐. 난 공부는 별로 안 했지만, 대학 나온 애들보다 돈도 많이 벌고 잘 살아."
부모가 자신이 공부를 열심히 하고 좋은 성적을 받는 것을 크게 중요하게 생각하지 않자 아들은 공부에 대한 흥미를 서서히 잃어갔다. 그 사이 그들 부부는 해외에서 식당을 열었고 아들은 할머니 할아버지와 함께 생활했다. 부모의 교육이 부재한 상황에서 아들은 수업을 빼먹기 일쑤였고 PC 방에 살다시피 했다. 성적은 떨어지기 시작했다.
몇 년이라는 시간이 순식간에 흘렀다. 아들은 고등학생이 되었고, 부부는 해외에서 많은 돈을 벌었지만 여전히 귀국하지 않았다. 아들은 엄마, 아빠가 귀국해서 함께 살기를 바랐다. 그러자 아버지는 말했다. "네가 고등학교 졸업하면 바로 여기로 와, 대학 갈 필요 없어. 나는 대학 근처도 안 가봤지만 대학 졸업한 사람보다 돈을 더 많이 벌어."
아들은 그 말이 일리가 있다고 생각했다. 부모님 둘 다 가방끈은 짧지만 해외에서 성공한 식당의 사장님이고, 돈도 많이 벌었다. 그는 공부는 아무짝에도 쓸데가 없다는 생각을 했다. '대학을 졸업해도 좋은 직장에 취업하기 힘들다.' 이런 생각을 하며 그는 고등학교도 졸업하지 않고 중도에 그만두었다. 하루 종일 컴퓨터 게임에만 몰두했고, 심지어 마약도 배웠다. 결국 어울리는 친구들과 노래방에서 마약을 하다가 경찰에 의해 현장에서 체포되어 소년원에 들어가게 되었다.

생각은 한 사람을 만들기도 하지만 그의 인생을 망칠 수도 있다. 아버지의 '대학 졸업한 사람보다 내가 더 낫다.'는 마인드 때문에 아들 역시 '공부해도 소용이 없다.'는 생각을 하게 된 것이다. 이런 그릇된 생각으로 하오하오는 결국 나쁜 행동을 하게 되었고, 잘못된 길로 접어들었다.

우리는 부모의 생각이 아이에게 많은 영향을 준다는 점을 알아야 한다. 그래서 올바른 교육 철학을 가지고 아이의 마음속에 아름다운 씨앗을 뿌려야 한다. 아이가 긍정적이고 진취적인 사고를 가질 수 있도록 노력해야 한다. 그래서 아이를 교육하는 첫 번째 단계는 바로 교육자인 부모 자신부터 생각을 바꾸는 것이다.

지난 몇 년 동안 나는 생각의 형성에 관한 연구와 수많은 사례를 접하면서 한 가지 사실을 발견했다. 감정이 한 사람의 생각에 지대한 영향과 작용을 한다는 점이다. 우리가 지금 살면서 겪는 괴로움, 뜻대로 되지 않는 마음, 고통은 감정에서 출발한 것이다. 그래서 감정은 생각에 가장 큰 영향을 주고, 삶의 에너지를 소진시킨다.

경험해본 사람이라면 알 것이다. 엄마가 아이를 임신한 10개월 동안 좋은 감정 상태를 유지하고 부부가 서로 사랑하면, 온순하고 건강한 아이가 태어난다. 만일 부모가 매일 싸우고 정서적으로 불안정하면 아이는 분명 까다로운 아이일 것이고 병치레도 자주 한다.

아이가 자신의 요구에 부합하지 못할 때 자기감정을 컨트롤하지 못해 크게 분노하여 화를 내고 아이의 자존심에 큰 상처를 주는 부모도 있고, 아이를 이해하고 지지해주고 사랑을 충분히 주어 아이가 긍정적이고 진취적인 사람이 되게 하는 부모도 있다. 직장에서도 업무에 늘 불만이 있는 사람은 자신의 삶도 뜻대로 되지 않는다. 반대로 늘 감사하는 마음으로 어떤 어려움도 현명하게 극복하고 그 과정에서 성장하는 사람도 있다.

과거의 경험이 만든 감정의 씨앗 때문에 사람은 비슷한 상황에 처할 때 예전에 느낀 감정과 그 일의 결과에 생각을 지배당하고 본능적으로 반응하여 같은 결과를 반복한다.

부모의 교육 철학은 아이의 미래를 결정한다. 아이를 기르고 가르칠 때 우리는 선한 행동과 사랑의 언어로 아이의 마음에 사랑의 씨앗을 심어야 한다. 그 씨앗은 아이의 마음속에서 싹을 틔워 좋은 세포 기억이 되고, 아이는 본능적으로 선한 행동을 하게 된다. 우리는 아이가 성공한 인생으로 갈 수 있도록 도와야 한다.

현실에서 대다수 부모들의 자녀교육 철학은 보통 자신의 부모가 교육했던 경험을 답습한다. 그러나 시대가 변했고 사회도 발전하고 있다. 부모 세대의 교육관은 지금 세대 아이들에게 적합하지 않다. 그러나 부모 세대는 여전히 '사랑의 매로 효자를 만든다.'는 오래된 생각을 고수하고 있다. 이런 생각은 아이의 몸과 마음에 많은 상처를 줄 것이다. 현대의 부모도 아이를 때리는 일이 좋지 않다는 것을 알고 있지만, 자기감정을 컨트롤하지 못하는 경우가 종종 있다. 그래서 아이를 잘 키우고 싶다면 먼저 자기 자신부터 생각을 바꿔야 한다. 이를 위해 우리는 삶의 과정을 정확히 인식하고 생명의 가치를 이해하고 나의 감정을 완벽하게 받아들여, 처음으로 돌아가 부정적인 '씨앗'을 제거하고 생각을 바꿔야 한다.

부모는 자신이 강자라는 생각과 태도를 버리고,
자연의 섭리를 이해하고 존중해야 한다.
부모도 아이와 평등한 관계 속에서
아이와 함께 몸과 마음이 성장한다.
아이가 성장하는 모습을 보면서 그가 보다 나은 삶을 살아갈 수 있도록 이끌고
아이의 내면에 가치를 심어주고,
아이 스스로 원하는 사람이 될 수 있도록 도와주어야 한다.

마음가짐
03

아이를 존중하기

아이의 존엄을 지켜주자

- 아이는 소유물이 아니다
- 존중하는 것부터 시작하자
- 아이 스스로 영혼의 주인이 되게 하라
- 아이의 사생활을 존중하자
- 아이와 눈높이를 맞추는 것의 비밀
- 아이에게 내재적 가치를 주자

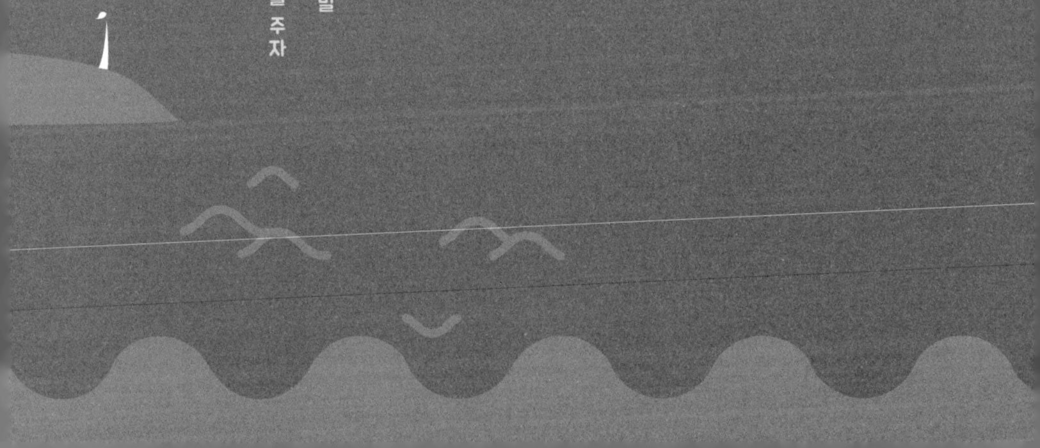

1

아이는 소유물이 아니다

모든 사람은 자신의 인생에 대한 권리가 있으며, 정신적으로나 육체적으로나 존중받고 싶어 한다. 우리는 서로를 존중해야 하고 아이도 존중해야 한다. 아이도 생각과 인격이 있다. 우리가 아이의 개성과 흥미를 이해하고 그의 선택과 인격을 존중하는 법을 알 때 아이의 능력도 자연스럽게 향상된다.

자식을 잘 키우고 싶다면 가장 먼저 아이를 존중할 줄 알아야 한다. 평등은 존중의 기초다. 부모가 아이도 자신과 평등하다는 것을 인식하고 평등한 사람으로 아이를 대하는 것은 그를 존중하고 있다는 것이다.

"너는 내가 낳았으니 내 말을 들어야 해.", "내가 너를 어떻게 키우고 있는데, 이렇게 말을 안 듣니.", "도대체 뭐하려는 거니? 어서 들어가서 숙제나 해." 많은 부모들이 아이를 자신의 '사유재산'으로 생각하며 자기가 시킨 대로 해야 한다고 생각한다. 아이는 부모의 소유물이 아니다. 아이는 부모와 마찬가지로 평등한 권리를 가진 독립된 인격체이며, 우리는 아이를 존중해야 한다.

집에 손님이 왔을 때, 부모는 손님에게 집안의 어른뿐만 아니라 자신의 아이도 정식으로 인사를 시켜야 한다. 아이도 가족의 구성원이기 때문이다. 그러나 많은 부모들이 아이를 인사시키는 것을 중요하게 생각하지 않는다. 인사를 시키더라도 이름 대신 "우리 딸이야, 우리 아들이야." 정도로만 소개한다. 심지어 손님 앞에서 아이에게 "저리로 가.", "방에 들어가."라고 말한다. 이런 부모는 아이를 독립된 인격체로 생각하지 않는다. 손님이 오면 아이는 곧바로 '스스로 알아서' 방으로 숨어버린다. 이렇게 보이지 않는 상처가 아이의 자존심을 건드리고, 아이의 인격과 대인관계에 안 좋은 영향을 준다.

사람을 대하는 태도, 처세는 아이의 자존감, 자신감, 대인 관계 능력을 길러주는 데 매우 중요하다. 부모가 아이의 독립된 인격을 존중해주고, 적극적으로 손님들에게 소개를 할 때 아이는 자신과 부모가 동등한 위치에 있다고 여겨 스스로 예의를 갖추게 되고 정중히 손님을 맞이한다.

아이는 하늘이 우리에게 내려준 너무나 소중한, 이 세상 무엇과도 바꿀 수 없는 보물이다. 우리는 이 보물을 맡아서 관리하는 사람일 뿐, 소유하는 사람이 아니다. 한 집안을 책임지는 사람으로서 부모의 책임은, 지혜롭게 아이를 기르고 그가 쓸모 있는 사회 구성원으로 자라게 하는 것이다. 만일 우리가 이 보물을 우리의 사유재산으로 여기기 시작한다면 우리의 신성한 책임과 의무는 빛이 바랠 수밖에 없다. 아이를 통해 자신의 가치를 보여주고 싶어 하는 부모도 있고, 자신의 희망과 기대를 아이에게 강요하는 사람도 있고, '노후대책'을 위해 아이의 삶을 내 마음대로 재단하는 사람도 있는데, 절대 안 될 일이다.

스위스 심리학자 엘리스 밀러Alice Miller는 이런 말을 했다. "일단 아이가 부모의 사유재산이 되고, 부모에 의해 어떤 목적에 동원되고, 부모가 아이를 통제하려 들면, 아이의 가장 기본적인 성장조차도 폭력에 의해 망가질 수 있다. 우리는 항상 아이를 존중해야 하며, 아이 스스로 삶의 중심이 '나 자신'이라고 여기는 것이 아이의 인격에서 가장 필요하다."

부모는 아이를 돌볼 권리는 있지만 소유할 권리는 없다. 아이는 부모의 것이 아니다. 이것이 바로 존중이며 선을 지키는 것이다. 우리가 이 선을 지키고 '아이는 부모의 소유물이 아니다.'라는 생각을 갖고 있으면 아이를 독립적인 사람으로 기를 수 있다.

많은 부모들이 아이가 독립적인 인격체라고 여기고, 존중이 필요하다고 생각하고 있다. 부모가 아이를 존중할수록 아이도 스스로를 존중하고, 다른 사람도 존중할 수 있다. 아이가 태어나면 부모는 아이를 작은 아기 침대에 혼자 재우고, 한 달이 지나면 아기 방에서 재운다. 그래서 아이들이 부모와 함께 잠자는 일이 거의 없다. 아이는 부모와 점점 애착 관계가 형성되는 한편 '나에게도 나만의 공간이 있고, 부모에게도 부모만의 사적인 공간이 있으며, 서로 존중할 줄 알아야 한다.'는 중요한 사실을 깨닫게 된다. 아이가 어릴 때부터 자기 자신을 통제하고, 타인을 존중할 줄 아는 것은 독립심을 기르는 첫 번째 단계다.

반대로 우리가 아이를 우리의 사유재산으로 여기기 시작하면 아이를 우리 곁에 꽁꽁 묶어두게 되고 아이는 독립하기 어려워진다. 이는 건강한 친자관계가 아니다. 겉으로 보면 부모가 자식을 매우 사랑하고 자식을 위해 모든 것을 기꺼이 희생하는 것처럼 보이지만, 그 희생은 물질적인 희생에 불과하다. 우리가 아이를 소유하고 싶은 욕망에 사로잡히면 그 사랑은 결국 어긋날 수밖에 없다. 만일 부모가 아이에게 정신적인 자유를 줄 수 없다면 결국 아이는 이런 어긋난 사랑 속에서 질식하거나 폭발할 지도 모른다.

그러나 부모가 과연 이런 결말을 원한 것일까? 이런 결과를 보고 행복했을까? 아이는 행복할까? 부모는 아이가 행복하길 바라지 않는 걸까? 아이가 즐겁고 행복하길 바란다면 그를 존중해야 한다. 아이를 사랑하는 일은 소유가 전제 조건이 되어서도 안 된다. 소유하는 사랑은 이기적인 사랑이다. 아이를 사랑하고 아낌없이 퍼주지만 그 노력의 결과가 평생의 후회로 남을 수도 있다. 그 이유는 사랑하는 방식이 처음부터 잘못되었기 때문이다. 아이는 우리의 소유물이 아니다. 그릇된 생각이 우리의 눈과 귀를 닫지 않도록 해야 한다.

아이는 부모의 소유물이 아니며, 그들은 그들 자신의 것이다. 그들도 그들이 가야할 길이 있고, 언젠가는 스스로 마음을 의지할 곳을 찾게 된다. 의지할 곳을 찾는 것도 아이가 이 세상에 태어나면서부터 짊어진 사명이다. 부모가 할 수 있는 것은 스스로 좀 더 현명하고 지혜로운 사람이 되어 아이의 말에 귀를 기울이고, 평등하게 대우하며, 아이가 좀 더 씩씩하게 전진해 훌륭한 사람이 될 수 있도록 존중하고 지지해주는 것이다.

2

존중하는 것부터 시작하자

생명을 가진 존재는 에너지가 필요하고 에너지가 향상되면 더 훌륭하게 자란다. 그러나 아이의 성장 과정에서 부모가 생명에 대한 존중 의식이 부족하고 올바르게 행동하지 않으면 아이는 구속과 속박 속에서 살아갈 수밖에 없다. 특히 아이가 상처를 받은 후 억압된 감정이 해소되지 않으면 결국 '공포, 두려움, 시기, 분노, 비참함' 등의 나쁜 에너지만 생성된다. 이것이 하나의 삶의 프로세스가 되어 아이의 잠재의식에 자리 잡으면 에너지를 소진하고 건강을 해치고 결국 아이의 삶에 영향을 주게 된다.

연로하고 몸도 불편한 아버지를 생각할 때마다 중 여사는 아버지를 편안하게 모시고 싶다는 생각을 한다. 하지만 아버지를 보살필 때마다 마음 속 깊은 곳에서 아버지에 대한 분노가 치밀어 오르고 아버지를 보고 싶지 않다는 생각도 든다. 그런 마음이 그녀의 내면 깊이 쌓이고 쌓여 에너지가 이동하는 통로를 막아버리고, 결국 에너지가 떨어지고 소진되었다. 그녀는 남편과의 관계도 별로 좋지 않아 7년 넘게 냉랭하다.

'부모 되기' 수업에서 중 여사는 어린 시절을 떠올렸다. "어릴 때 내가 잘못을 할 때마다 아버지가 대나무 회초리로 손과 다리를 때렸어요. 맞을 때마다 아프고 비참하다는 생각을 했어요. 지금도 그 기억은 생생해요." 그녀는 어린 시절의 그녀로 돌아가 아버지에게 빌었다. "아빠, 때리지 마세요. 제가 잘못했어요. 다시는 안 그럴게요." 아버지의 폭력적인 교육 방식은 그녀의 몸과 마음에 깊은 상처를 남겼다.

그녀는 아버지에 대한 원망을 쏟아낸 후 깨달았다. 사실 아버지도 처음에는 좋은 마음에서 매를 든 것이었다. 그는 '내 딸은 훌륭한 재목이 되지 않으면 안 된다.'고 생각했고, 자신의 아버지가 그를 교육했던 방식 그대로 딸을 교육한 것이었다. 사람이 경험 속에서 교훈을 얻지 못하고 원래 생각을 바꾸지 못하면 아무리 훌륭한 방법도 소용이 없다. 오히려 교육의 효과를 거두기는커녕 더 큰 '피해'를 가져올 수 있다.

수업이 끝난 후 중 여사는 마침내 자신과 아버지의 관계를 직시했고, 남편과의 불화도 아버지로 대표되는 남성에 대한 원망에서 시작되었다는 것을 깨달았다. 이런 생각들이 자신의 삶을 망쳐버린 것이다. 그래서 그녀는 용감하게 이 난관을 돌파하기로 결정했다.

'훌륭한 사람으로 키우려면 자식에게 매를 들어야 한다.'는 교육관을 버려야 한다. 육체적인 고통은 시간이 지나면 자연스럽게 사라질 수 있지만, 정신적인 상처는 시간이 지나도 사라지지 않고 오히려 마음 깊이 뿌리를 내린다. 그래서 그 씨앗이 적당한 시기가 되면 싹을 틔워 아이의 에너지를 소모시키고 아이의 발전을 방해한다.

지식 경제 시대에, 교육관도 함께 변하고 새로워져야 하지만 아이의 몸과 마음의 건강을 해쳐서는 안 된다. 그러나 현실 속 '엄한 아버지', '호랑이 엄마'는 여전히 많다.

아이는 실험 대상이 아니며 가정은 실험실이 아니다. 새로운 교육 방식을 시도해서는 안 된다는 것은 아니지만 너무 과감하고 파격적인 방법이라면 아이들이 기꺼이 받아들이기 어렵다.

부모는 자신의 엄격한 교육 방식을 그럴듯하게 포장하고 있지만 결국 그 목적은 '훌륭한 아이로 만들겠다.'는 자신의 욕망 때문이 아닐까? 이 세상에 많은 사람들이 어린 시절에 부모의 기대를 한 몸에 받았지만, 진짜 훌륭한 사람이 되는 이는 소수다. 대다수는 그저 평범한 사람이 되었다. 영웅이 길을 지나갈 때 길가에서 그를 향해 박수치는 사람은 늘 있다. 아이는 건강하고 즐겁게 자신의 의지대로 열심히 살고 있다. 그가 영웅에게 박수쳐주는 평범한 사람이 되면 안 되는가? 평범한 삶이 행복한 삶이 아니라고 할 수 있을까? 세상은 평범하고 즐거운 사람들이 함께 살아가고 있다.

아이는 계속 자란다. 아이는 건강하고 즐거운 마음으로 이미 자신이 원하는 삶을 살고 있는데 우리가 더 나은 미래를 만들어줘야 한다고 고집할 필요가 있을까? 왜 먼 미래를 위해 아이가 누려야 하는 즐거운 유년 시절을 희생시키려 하는가? 그 희생의 대가는 엄청날 것이다. 사실 부모들의 잘못된 행동은 자신의 허영심을 만족시키기 위해서 시작된다. 만일 부모가 아이를 존중하고 사랑하는 법을 모른 채 눈앞의 이익에만 급급한 행동을 하고 아이가 부모 말에 복종하도록 강요하고 아이를 억지로 우등생으로 만들려고 하면 아이에게 결국 씻을 수 없는 고통을 줄 뿐이다. 그리고 부모는 인생 최대의 실패를 맛보게 될 것이다.

부모는 다른 사람을 존중하듯이 아이를 존중해야 한다. 물론 아이는 내가 낳았으며 아직 세상 물정도 모르고 경험도 부족하다. 하지만 그도 독립된 인격과 영혼을 가지고 있고 우리처럼 존중받는 생명이다. 아이는 부모가 마음대로 처분할 수 있는 사유재산이 아니다. 부모는 아이에게 내가 정한 규칙과 방법에 따라 인생을 살아가라고 강요할 순 없다. 우리는 올바른 사랑을 베풀어야 하고, 생명을 존중하는 마음으로 아이가 좀 더 다채로운 인생을 만들어갈 수 있도록 도와주어야 한다.

3

아이 스스로 영혼의 주인이 되게 하라

한 사람을 존중한다는 것은 그의 권리와 의무를 존중하는 것이며, 그가 자신의 영혼의 주인이 되어 스스로를 만들 권리를 인정하는 것이다. 이것은 자기의 권리를 남에게 넘기지 않는 것이며 타인이 나를 강제로 만들도록 내버려두지 않는 것이다. 즉 누군가의 복제품이 되지 않는 것이다.

자녀 교육의 핵심은 아이가 온전한 자아가 되게 하는 것으로, 이는 성장의 가장 중요한 목표다. 그러나 아이를 가르칠 때 우리는 그를 어떻게 대하는가? 대다수가 아이에게 이런 말을 해 봤을 것이다. “말을 잘 듣는 아이가 착한 아이야.” 왜 우리는 ‘착한 아이’와 ‘말 잘 듣는 아이’가 같다고 생각하는가?

자라온 과정을 돌아보면 처음부터 우리는 ‘말을 잘 들어야 하는’ 교육을 받았다. 부모와 어른의 말을 잘 들어야 하고, 학교에서는 선생님의 말을 잘 들어야 했다. 말을 잘 안 들으면 혼나고, 벌을 받고 '착한 아이' 대열에서 멀어진다. 어른들이 우리에게 '이거 하지 마, 그렇게 하면 안 돼.'라고 말할 때 우리는 반항은커녕 그 말이 옳다고 생각했다. 처음부터 지금까지 '내가 주인인 삶이니까 내 주관을 확실히 해야 하고 내가 나의 주인이 되어야 해.'라는 생각을 해본 적이 없었던 것이다.

지금 우리는 부모가 되었다. 우리도 우리의 부모님이 우리에게 했던 것처럼 우리 아이가 말 잘 듣는 아이가 되기를 요구하는 것은 아닐까?

물론, 이 세상에 자식을 사랑하지 않는 부모는 없다. 부모는 아이가 말을 잘 듣고 시킨 대로 해서 불필요한 문제를 피해가기를 바란다. 하지만 '경험도 자산이다.'라는 말이 있듯이 아이는 자라면서 계속해서 탐색하고 경험할 때 진짜 발전할 수 있다. 아이 스스로의 주인이 되게 하자. 물론 크고 작은 문제들을 만나겠지만 장기적으로 보면 아이에게 가장 좋은 경험이 될 것이다.

부모는 아이에게 아낌없는 사랑을 준다. 하지만 때로는 아이를 위한다는 것이 결국 내 욕심일 때가 있다. 이런 욕심들은 사실 나에게 부족한 부분들을 아이를 통해 채우려고 하면서 생긴다. 부모와 자식은 다른 시대를 살아가고 있기 때문에 우리는 아이에게 더 다양하게 선택할 수 있도록 기회를 주고 선택권을 아이에게 맡겨야 한다. 부모는 아이에게 조언을 해줄 순 있지만, 조언을 받아들일지 여부는 아이 스스로 결정하도록 하는 것이다.

아이를 통해 내 성취감을 실현하려 들지 말아야 한다. 아이는 우리의 성취감을 채워줄 대상이 아니다. 우리는 아이가 내면의 가치를 만드는 것을 존중하고 아이 스스로 자기 자신의 주인이 되어 자신을 잘 관리하는 사람이 되게 해야 한다.

사람들의 정서적 상처는 대부분 유년 시절에 발생하는데 가해자는 주로 나와 가장 가까운 사람인 부모나 가까운 가족이다. 우리가 어릴 때는 독립적으로 삶을 꾸려갈 능력이 부족하기 때문에 부모에게 의지하게 되고 부모의 관심과 사랑을 갈구한다. 그래서 이 시기의 인격은 대부분 부모, 가족에게서 받은 도움과 지지로 만들어진다. 아이가 어릴 때 의식은 매우 단순하지만 잠재의식은 매우 발달해 있고 활발하게 활동한다. 그래서 이 시기에 겪었던 모든 상처는 아이의 유년 시절 마음에서 나쁜 에너지를 형성해 그의 인격과 건강에 영향을 준다.

사람은 자유를 얻고 자유를 누릴 때 전진할 수 있고 삶의 숙제를 제대로 해낼 수 있다. 아이의 일생을 결정하는 것은 물질적인 투자가 아닌 내적인 가치와 신념이다.

그러나 지금 많은 부모들이 아이가 '말을 잘 듣기'를 바라며 아이의 자유를 용납하지 않는다. 아이가 순순히 부모가 세운 계획에 따라 행동할 때 부모는 기뻐한다. 하지만 아이가 말을 안 들으면 부모는 상심하고 분노하며 아이를 혼내거나 매를 든다. 부모로부터 지속적으로 사랑을 얻기 위해 아이들은 자신의 본성을 드러내지 않고 부모가 시킨 대로 한다. 아이는 방황하기 시작하고 꿈을 포기하기 시작한다. 부모가 아이에게 자기 말을 잘 들으라고 요구할수록 아이는 진정한 자아와 점점 멀어진다.

모든 아이들은 독립된 인격체다. 부모는 아이에게 무한한 사랑을 베풀 순 있지만 아이를 대신해 결정할 수는 없다. 아이도 자신의 생각이 있고 흥미가 있다. 우리는 아이의 개성도 존중하고 아이가 진정한 타인으로서 여러 경험을 하며 자신의 길을 찾도록 해야 한다.

'아이가 자기 자신이 되게 한다.'는 것은 아이에게 마음의 자유, 다양한 생각과 행동을 할 수 있는 자유를 준다는 의미다. 아이가 너무 제멋대로 행동할까봐 걱정할 필요는 없다. 아이 역시 생각하는 인간이다. 우리가 그를 지속적으로 존중하고 건강한 교육을 제공할 때 스스로를 통제할 줄 알게 된다. 부모는 아이에게 내가 시키는 대로 하라고 명령할 것이 아니라 아이의 스트레스를 줄여주는 법을 배우고 그가 주관이 뚜렷하고 개성 있는 사람이 될 수 있도록 노력해야 한다.

결정권과 선택권을 아이에게 주자. 우리의 존중과 지지로 아이는 자기 자신의 진짜 주인이 될 수 있고 주관과 개성이 뚜렷하고 긍정적이고 건강한 마음을 가진 사람이 된다. 그는 자라는 과정에서의 장애물과 난관을 용감하게 극복해가며 고통을 이겨내고, 좌절을 겪으면서 진정으로 자유를 얻고 즐겁게 성장하게 된다.

아이의 사생활을 존중하자

대다수 부모들이 아이들을 너무 사랑하고 아이와 부모 사이에 거리가 없어야 한다고 생각한다. 그런 마음에 아이의 생활에 너무 관여하고 책임지려 하고 아이의 일거수일투족을 간섭하고 계획을 세우려 한다. 부모들은 진심을 다해 아이를 '사랑' 하지만 아이도 자기만의 독립된 공간을 원한다는 사실을 생각해본 적이 없다.

아이에게도 '사생활'이 있다는 말을 듣고 놀랄 사람도 있을 것이다. 당연히 아이도 '사생활'이 필요하다. 성인이든 아이든 모든 사람은 독립된 개체로 자신만의 비밀스럽고 개인적인 공간을 원한다. 이는 인류의 정당한 심리적 요구사항이다.

우리는 아이에게 어른 물건을 함부로 건드리지 말라고 한다. 왜냐하면 우리는 사생활이 있고 자기만의 공간이 필요하기 때문이다. 하지만 아이도 어른처럼 자기만의 독립된 공간, 자기만의 비밀스러운 공간이 필요하다는 점은 간과한다.

항상 말을 잘 듣던 착한 아이가 엄마가 방을 정리하려 했다는 이유로 마찰을 빚는 경우를 심심치 않게 본다. "왜 제 허락 없이 남의 물건을 함부로 건드려요?", "내 장난감은요? 어디에 숨겼어요?", "제 장난감이잖아요. 왜 마음대로 버리세요? 앞으로는 제 물건은 손대지 마세요!" 방을 깨끗이 치워놓으면 기뻐할 것이라고 생각한 엄마는 아이의 짜증에 화를 낸다. "아니, 깨끗이 방을 치워놨는데 왜 이렇게 화를 내는 거니? 정말 할 말이 없구나!", "내가 너를 얼마나 사랑하는데, 네가 정말 이렇게 할 줄 몰랐다! 물건만 옮겼을 뿐인데 왜 이렇게 버릇이 없니!" 엄마는 화를 내면서 아이 방의 장난감을 죄다 버려 버렸다. 아이는 대성통곡하며 자신의 장난감을 필사적으로 주워 담고 씩씩거리며 이렇게 말한다. "엄마, 미워. 엄마는 나빠." 엄마도 그 말에 너무 상심한다. '아직 어린아이일 뿐인데 왜 고작 이것 가지고 짜증을 내는 것일까?' 우리에게는 결코 낯선 상황이 아니다.

사실, 아이가 엄마의 행동에 민감하게 반응하는 이유는 자신이 존중받지 못했다고 생각하기 때문이다. 엄마가 그의 물건들을 자신의 허락 없이 손을 대자 아이는 사생활이 침해당했고 마음의 안식처가 사라졌다는 위기의식 때문에 극단적인 반응을 보인 것이다. '부모와 자식 간에도 일정한 간격이 있어야 한다.'는 연구도 있다. 아이도 자신의 의지와 독립된 '공간'이 필요하다. 부모로서 우리는 아이의 '사생활'을 존중해야 한다.

아이가 물건을 망가뜨리고 어지를 때 부모가 대신 정리하지 않는 것이 가장 좋다. 아이가 어질렀으니 치우는 것도 그의 몫이다. 아이는 자라면서 규칙과 질서를 익히기 시작하는데, 부모가 일방적으로 아이를 대신해서 결정하고 행동하면 아이의 내면의 질서는 반복적으로 파괴되고 혼란이 발생한다. 비록 부모가 정리는 더 잘해주겠지만 부모의 행동으로 아이의 마음은 무질서하고 혼란한 상태가 된다. 부모의 행동은 아이의 권리를 빼앗고 아이의 능력을 평가절하하여 아이에게 무책임의 씨앗을 심어준다.

만일 아이가 공간을 합리적으로 활용할 수 있도록 돕고 싶다면 아이와 먼저 충분히 이야기를 나누고 그가 장난감을 정리하고 물건을 제자리에 놓는 습관을 기를 수 있게 도와줄 수 있다. 하지만 아이에게 말도 없이 아이의 공간에 대한 소유권을 부모 마음대로 침해하는 것은 아이의 권리를 빼앗는 것과도 같다. 자식과 말다툼을 하게 되면, 우리는 간섭하거나 주관적인 방식으로 해결할 것이 아니라 아이가 생각을 표현할 수 있도록 도와주어야 한다. 부모는 논리적으로 접근해 아이에게 이성적으로 대화하는 법을 알려주는 것이 좋다. 이렇게 함으로써 우리는 아이의 비밀과 공간을 존중해주면서 아이의 안전감과 자주성을 길러줄 수 있다. 더불어 아이도 어릴 때부터 남과 소통하는 방식을 배우게 된다.

아이는 누구나 작은 비밀이 한 가지씩 있다. 물론 아이의 비밀은 어른의 눈에서 볼 때 한없이 유치하고 우스워 보일 수 있지만, 아이에게는 신성하다. 그래서 아이의 일기장이나 편지를 몰래 훔쳐보거나 아이의 통화 내용을 몰래 엿들어서도 안 된다. 그리고 아이가 말하고 싶어 하지 않는 이야기를 억지로 털어놓게 해서도 안 되고, 비밀을 듣고 깔깔거리며 웃거나 대수롭지 않게 여겨도 안 된다. 특히 "쥐방울만한 게 무슨 비밀이야 비밀은.", "네가 무슨 비밀이 있어." 같은 말은 삼가야 한다.

부모의 무시와 비웃음은 아이에게 적대적인 감정을 유발하고, 아이는 부모와 대화를 나누려 하지 않을 것이다. 아이의 비밀을 존중하고 평등한 관계에서 교감하면, 아이는 부모와 사소한 비밀도 공유할 수 있다. 아이의 비밀이 아무리 유치하고 터무니없다고 해도 아이를 존중해야 한다. 아이의 비밀을 존중하지 않으면 아이의 자존심에 상처를 줄 수 있고, 아이가 어른이 된 후에도 부모는 아이와 계속해서 '술래잡기' 할 수밖에 없다.

자존심은 아이의 건강한 성장에 영향을 주는 중요한 심리적 요소이다. 자라면서 아이의 자존심이 상처를 받았다면 아이에게 심각한 심리적 장애를 만들어줄 수 있고 아이는 자신을 비하하고 반항심을 가질 수 있다. 아이의 '사생활'을 존중하고 보호하는 것은 아이의 자존심을 존중하고 보호하는 것이다. 그래서 부모는 항상 '언제나 아이의 자존심을 존중하고 보호하자.'는 생각을 잊지 말아야 한다.

아이의 '사생활'을 존중하는 것은 단지 말로만 그쳐서는 안 되고 행동에 옮겨야 한다. 부모는 아이에게 온전히 독립된 공간을 주고 존중할 때 아이와 더 가까워질 수 있고 아이와 함께 진정한 공동체 구성원으로서 개성이 넘치고 자유롭고 화목한 가정을 만들 수 있다.

아이와 눈높이를 맞추는 것의 비밀

모든 부모는 자신의 아이가 남보다 뛰어나길 바란다. 우리는 교육에 많은 신경을 쓰지만 어느 순간 '내 아이가 결국 훌륭한 인재가 되지 못할 수 있다.'는 사실을 깨닫게 된다. 부모가 아무리 알려주어도 왜 아이들은 '마이웨이'를 고집하는 것일까? 왜 아이는 어른이 싫어하는 행동만 골라서 하는 것일까? 왜 부모는 아낌없이 주는데 아이는 고마워하지 않는 것일까? 아이와 소통하는 건 왜 이렇게 힘들까? 우리 아이에게 무슨 일이 있는 것일까? 아이의 문제인가 나의 문제인가? 많은 부모들의 고민일 것이다. 이때 부모가 스스로 변하고 아이를 향해 키를 낮춰 아이와 눈을 맞추면, '아이의 세계는 어른의 세계와 완전히 다르다.'는 사실을 알게 된다.

작년 여름 저녁, 친구 집에 초대를 받았을 때의 일이다. 스케이트보드를 타던 친구의 딸이 실수로 이웃집 아들의 발을 꽝 찍어버렸다. 이웃집 아들은 그 자리에서 엉엉 울며 대성통곡 했고 그 아이 엄마는 달려와 곧바로 아들을 안아주었다. 친구는 바로 달려가 전후 상황을 파악한 후 딸이 잘못했다는 사실을 알았다. 하지만 딸은 이미 도망가고 없었고 친구는 다친 아이를 위로한 후 딸을 찾아 나섰다.

내가 친구 집에 도착했을 때 친구는 딸에게 이웃집 아들에게 전화를 걸어 사과하라고 다그치고 있었다. 친구의 딸은 자신이 한 게 아니라고 우겼다. 친구는 너무 화가 났다. 친구는 이웃에게 전화를 걸어 사과를 했고 아이의 상태를 물은 후 병원에 가봐야 하면 데리고 가겠다고 말했다. 이웃은 아들이 이제 울음을 그쳤고 괜찮다고 말했다. 친구는 그제야 안심을 하고 전화기를 딸에게 주며 사과하라고 시켰다. 딸은 작은 목소리로 "미안해."라고 말하고 울어버렸다. 어찌나 심하게 우는지 아무리 달래도 그치지 않았다.

친구는 딸이 이해가 되지 않았다. 자기가 조심하지 않아서 다른 사람을 다치게 했고 미안하다고 사과하는 것은 기본적인 예의인데 딸의 반응을 도저히 받아들일 수 없었다. 딸은 왜 이렇게 억울해하는 것일까? 혹시 또 다른 일이 있었다? 하지만 아무리 물어도 딸은 아무 말도 하지 않고 울기만 했다. 나는 친구에게 아이의 생각을 알고 싶으면 아이 쪽으로 몸을 낮추어 대화를 해보라고 했다. 그것이 아이를 위한 존중이라고 말이다.

그래서 친구는 딸 앞으로 가서 무릎을 굽히고 딸을 안아주었다. 딸은 더 서럽게 울었다. 그는 아이의 등을 쓰다듬어주었다. 그의 따뜻한 위로에 딸아이는 눈물을 서서히 그치기 시작했다. 아빠의 품은 이 세상에서 가장 든든한 안식처였다.
"아가, 왜 그러니? 그럼 사과를 하지 않으면 되는 거니? 왜 이렇게 힘들어해?" 딸은 아빠를 바라보며 억울한 듯 다시 한 번 서럽게 울었다. 아이는 울먹거리며 말했다. "아빠가 다른 애만 걱정하고… 내 생각은 안하고… 엉엉엉."
그는 딸에게 다른 사람을 다치게 했으면 사과를 하는 것이 가장 기본적인 존중이자 예의라고 말했다. 딸은 대답했다.
"저도 사과하려 했어요. 그런데 그 애가 너무 크게 우니까 놀랐어요. 어떻게 해야 할지 몰라서 도망친 거예요. 내일은 직접 사과할게요!"
다음날 친구의 딸은 다친 아이에게 사과를 했고 두 아이는 다시 즐겁게 같이 놀았다.

한 유명인사가 한 말이 있다. "아이와 이야기를 할 때 서 있지 말라. 이것이야말로 불평등이다." 아이의 세계와 어른의 세계는 다르다. 우리는 아이를 교육시킬 때 먼저 몸을 낮추어 아이와 대화하고 아이의 생각에 귀를 기울여야 한다. 그러면 아이의 내면의 세계를 좀 더 깊이 들여다볼 수 있다. 만일 우리가 이유는 묻지 않고 다그치거나 심지어 비난한다면 아이는 자기가 틀렸다고 생각해 심리적으로 위축되고 심지어 반항한다. 그러면 아이의 마음에 더욱 큰 상처를 주게 된다.

그러나 대다수 부모들은 아이가 옷을 입거나 신발 끈을 맬 때나 허리를 숙인다. 아이를 교육할 때는 습관적으로 아이를 내려다보며 재촉한다. "왜 이렇게 해!", "잘못 했어? 안 했어?" "숙제는 다 했니?" 부모의 말투는 아이의 반항심을 불러온다. 아이는 부모와 마음을 터놓고 싶은 생각이 사라지고 부모와 거리를 둔다. 아이는 가장 가깝지만 낯선 사람이 된다.

우리는 존중하는 마음으로 아이와 눈높이를 맞추어야 한다. 아이를 꾸짖으려는 목적으로 몸을 낮추어서는 안 된다. 무릎을 꿇고 눈높이를 맞추어 아이와 교감하는 것은 부모와 아이가 서로 공감하고 소통하는 모습이 바뀐다는 것 이상으로, 부모와 아이가 평등한 관계가 되었다는 큰 의미가 있다.

부모가 성급하게 화내거나 다그치지 않고 인내심을 갖고 아이의 말에 귀를 기울이면 놀라운 변화들이 생긴다. "원래 그런 거였구나!", "이런 생각을 하다니, 대단하다."라고 말하며 평등하고 따뜻한 분위기에서 대화를 하면 부모와 자식 간의 관계도 부드럽게 변하고 서로 이해하는 마음을 갖게 된다. 부모는 아이에게 감동하고 아이는 부모를 존경하고 신뢰하여, 부모 자식 간의 관계가 훨씬 더 좋아진다.

사실 아이의 모든 감정과 행동에는 다 그럴만한 이유가 있다. 부모는 아이 행동이나 감정이 정상이라고 생각해야 한다. 내가 싫어

하는 행동을 아이가 하면 곧바로 야단을 치기 보다는 무릎을 꿇고 아이와 눈을 맞추어 아이의 목소리에 귀를 기울여라. 우리가 아이의 행동의 원인을 이해하고 나면 얼마나 착하고 순수한 아이인지 알게 되고, 아이의 감정도 이해하고 받아들이게 된다. 아이 역시 우리의 믿음을 느끼고, 우리의 조언을 적극적으로 받아들여 자존감과 자신감을 끌어올릴 것이다. 아이의 마음을 들여다보면서 믿음을 주고, 아이가 좀 더 즐겁게 공부하고 생활하면서 내면으로 충만함을 느낄 수 있게 해주는 것이 바로 진정한 존중이다.

6

아이에게 내재적 가치를 주자

사람이 성장하는 과정에서, 성격에 가장 큰 영향을 미치는 것은 유년 시절 부모의 태도와 행동이다. 아이가 자란 후 그가 겪은 일과 받은 상처는 성격으로 나타난다. 그래서 부모가 아이를 대하는 태도나 방식은 아이의 성격, 습관, 가치관에 영향을 준다.

한 엄마가 세 살짜리 딸을 데리고 쇼핑을 갔다. 아이스크림 가게를 지날 때 딸은 엄마를 잡아끌며 말했다. "엄마 아이스크림 먹고 싶어요." 엄마는 딸에게 아이스크림을 사주었고 딸은 기뻐하며 한 손에 아이스크림을 들고 걸었다.

장난감 가게를 지날 때, 딸은 자기가 너무나 좋아하는 인형을 발견했다. 딸은 엄마에게 말했다. "엄마, 나 저거 갖고 싶어요." 엄마는 딸에게 사주고 싶지 않았다. "아가, 저건 너무 비싸. 오늘 엄마가 돈을 많이 안 가지고 나와서 사줄 수가 없어. 다음에 사면 안 될까?" 딸은 서운한 표정으로 엄마와 함께 그 자리를 떠났다.
잠시 후 엄마는 딸을 데리고 옷가게로 들어갔다. 어떤 옷을 보자마자 한눈에 반한 엄마는 꽤 비싼 옷이었지만, 그것도 방금 딸이 그토록 갖고 싶었던 인형보다 훨씬 비싼 옷이었지만 주저하지 않고 옷을 사서 집으로 갔다.

물론 엄마의 행동이 딸에게 어떤 영향을 줄지는 아무도 모른다. 일반적으로 6세 이전의 아이는 논리적 분석력이 떨어진다. 그래서 아이들은 엄마가 거짓말했다는 사실을 모른다. 하지만 아이들은 엄마가 거짓말했다는 것을 모르기 때문에 오히려 더 안 좋은 방향으로 변할 수 있다. 아이들은 태어난 순간부터 부모를 사랑한다. 부모의 말이라면 뭐든지 다 받아들인다. 하지만 부모의 말과 행동이 일치하지 않으면 아이는 모순을 느끼게 된다. 물론 이 모순은 잠재의식 속에서만 자리한다. 아이들은 엄마가 한 말과 행동이 모두 옳다고 생각하고, 자기가 틀렸고 자기가 문제가 있다고 생각한다. 엄마는 딸에게 장난감은 사주지 않았지만 자기 옷은 샀다. 딸은 잠재의식 속에 "엄마의 옷이 나보다 중요하구나. 엄마는 마음에 드는 걸 사도 되지만 나는 사면 안되고, 나는 엄마에게 가치가 없구나."라고 생각한다. 물론, 이는 잠재의식 속에만 존재한다.

물론 아이 내면의 요구를 존중하는 것은 아이가 원하는 것을 다

들어주라는 의미는 아니다. 부모는 말과 행동이 일치해야 한다. 그래야 아이를 가르칠 때 모범이 될 수 있다. 앞의 글에서 나온 엄마처럼 돈이 없다는 이유로 아이가 원하는 것을 들어주지 않으면서 자기가 사고 싶은 물건은 기꺼이 사는 모습은 아이의 가치관에 큰 상처를 준다.

아이가 부모에게 뭔가를 사달라고 할 때는 물건의 외적인 가치만 볼 것이 아니라 아이의 내면의 감정 변화를 조용히 살펴보고 그 물건이 아이의 내재적 가치에 도움이 되는 것인지를 보는 것이 가장 중요하다.

자신의 가치가 조금이라도 떨어지면 자신감도 떨어진다. 예를 들어 특정 분야에서 굉장히 뛰어난 사람에게 평소에 잘 하는 일을 해보라고 갑자기 시키면 그는 오히려 심적인 압박을 느낀다. 심지어 성공 보수를(승진이나 월급 상승) 받을 수 있는데도 불구하고, 겁먹고 포기하거나 갑자기 아파서 쓰러지는 사람도 있다.

'나는 자격이 없다.'는 마음은 '자아가 없고 다른 사람의 눈치를 살피며 행동하고 감정을 쉽게 드러내지 못하고, 다른 사람의 의견이 나와 다를 때 그의 의견을 거절할 수 없는 모습'으로 나타난다. 행동이 결과를 만든다. 자신의 가치를 소중하게 여기지 않는 마음은 행동을 구속하고 결과를 만든다. 이런 태도는 자기 자신에게 전혀 도움이 되지 않는다. 아버지가 아이를 때릴 때 엄마가 아이의 편을 든다던지, 엄마가 아이를 야단칠 때 아빠가 아이 편을 드는 모습, 부모가 자식 교육에서 상반된 입장 차를 보일 때도 아이의 자아 가치를 떨어뜨린다.

아이의 일생에 지대한 영향을 미치는 교육은 바로 인격교육이라는 사실을 알아야 한다. 인격 교육은 아이가 감정을 컨트롤하고 긍정적인 가치관을 정립할 수 있도록 하는 것이다. 그렇다면 '나는 가치가 없어.'라는 마음이 아이의 잠재의식에 뿌리내리지 않게 하려면 어떻게 해야 할까, 어떻게 해야 아이의 마음을 안정시키고 올바른 가치관을 형성할 수 있을까?

먼저, 아이를 존중해야 한다. 아이에 대한 권위 의식을 버리고, 아이를 내 마음대로 설계하고 지휘하겠다는 마음도 버리고 아이 내면의 요구를 존중해야 한다. 아이는 여섯 살이 되기 전까지는 부모와 함께 있어야 한다. 여러 사례를 통해 알 수 있듯이 부모와 함께 생활한 아이는 육체적으로나 정신적으로 더 건강하게 자란다.

둘째, 부모는 아이를 위해 좋은 모범이 되어야 한다. 아이는 자신의 부모를 따라한다. 아이의 가치관 형성도 부모의 가치관의 영향을 받는다.

셋째, 아이를 올바르게 인도하라. 부모는 아이의 첫 스승이다. 아이가 올바른 가치관을 형성하도록 도와주어야 한다. 아이가 어떤 일로 전전긍긍할 때 그에게 상황을 설명해주고, 부모의 고충을 이해하도록 해야 한다.

넷째, 아이의 말과 행동에 신경을 쓰자. 아이가 올바른 가치관을 형성하지 못했다는 것을 알게 되면 이를 제때 바로 잡아주는 것은 부모의 막중한 책임이다.

부모의 가치관과 아이에 대한 가치관 교육은 아이의 성장에 굉장히 중요하다. 가치관은 한 사람의 행동과 마음을 보여준다. 가치관은 아이가 앞으로 어떤 사람이 되고 어떠한 인생의 길을 갈지를 결정한다.

아이에게 재산이나 물질적인 풍요를 주는 것보다 그가 올바른 가치관을 형성하도록 돕는 것이 더 중요하다. 긍정적인 가치관을 가질 때 우리의 아이는 더 강한 성취감과 만족감을 오래오래 느낄 수 있다. 부모로서 우리는 자기 자신부터 먼저 존중하는 마음을 갖고 아이가 올바른 가치관을 정립하고, 계속해서 성장하고 발전할 수 있도록 끌어주어야 한다.

성장은 교육과 주입의 과정이 아니라
삶의 규칙을 찾아가는 과정이며,
생명의 비밀을 해독하는 과정이자,
자신의 가치를 만들어내는 과정이다.

마음가짐
04

적정선을 지키기

지나친 사랑은 아이를 해친다

- 아이를 사랑하는 것은 삶에 에너지를 주는 것이다
- 올바른 방식으로 사랑을 전해야 한다
- 나의 변화로 아이를 변하게 하라

1

아이를 사랑하는 것은 삶에 에너지를 주는 것이다

세상의 부모 마음은 다 똑같다. 모든 부모는 자신의 아이를 무척 사랑한다. 사람이라면 당연히 갖게 되는 마음이다. 하지만 부모는 과연 무엇이 사랑인지 제대로 알고 있을까? 아이에게 어떤 사랑을 원하는지 물어본 적이 있는가? 정말 아이를 사랑하는가?

사랑은 인류의 영원한 주제이며, 내면에서 나오는 힘이다. 예로부터 지금까지 인류는 사랑을 이야기해왔고, 사랑의 위대함을 노래했다. 사랑은 인간을 긍정적으로 만들어주고, 인간의 양심과 자비심을 깨워준다. 많은 사람들이 사랑 때문에 어려움도 극복하고 고통도 감내하며 자신의 고귀한 목숨도 내놓는다. 우리는 살아가는 동안 항상 사랑을 이야기한다. 국가에 대한 사랑, 부모에 대한 사랑, 친구에 대한 사랑처럼 사랑의 모습도 다양하다. 그 중에서 가장 깊고 무한한 사랑은 바로 자식에 대한 사랑이다. 이 세상에 자식을 사랑하지 않는 부모는 없다.

그렇다면, 무엇이 사랑인가? 무엇이 진정한 사랑이라고 할 수 있을까?

사람이 성장하려면 에너지가 필요하다. 부모의 관심으로 아이는 기쁨과 행복을 느끼고, 에너지도 상승하게 된다. 부모의 사랑, 안전한 음식, 따뜻한 옷은 아이의 에너지를 향상시킨다. 나쁜 감정은 에너지를 소진시킨다. 즐겁지 않은 기분, 잦은 병치레, 주변의 비난 때문에 사람은 초조하고 힘들어하며 에너지를 소진한다. 좋은 환경은 사람을 즐겁고 편안하게 만들어주고 내면의 안정은 그 사람의 에너지를 상승시킨다. 맛있는 음식, 재미있는 일, 좋은 제품, 좋은 환경은 사람에게 기쁨을 주고 에너지를 계속 공급한다.

사람의 성장에는 에너지의 상승과 유지가 필요하다. 사람의 잠재의식은 이로운 것을 쫓고 해로운 것을 피하고 본능적으로 더 좋은 에너지를 추구한다. 사람의 마음도 에너지를 향상시켜 줄 수 있는 것을 간절히 원한다. 우리는 '지지합니다.', '이해합니다.', '도와드릴게요.', '존중합니다.'라는 말로 사랑을 표현한다. 이 모든 말들이 에너지를 증가시키는 힘이며, 다른 이에게 나의 에너지를 나눠주는 것이다. 우리가 다른 사람을 도와줄 때 상대방의 에너지는 소모량이 줄어든다. 우리가 이해하는 모습을 보여주면 상대가 편안함을 느끼고 그의 에너지는 상승하게 된다.

사람의 인생에서 가장 필요한 것은 에너지의 상승이다. 그래서 한 사람을 사랑하는 것은 그에게서 에너지를 얻는 것이 아니라 그를 위해 에너지를 주는 것을 의미한다. 한 사람을 사랑하는 것은 상대를 응원하고 지지할 수 있는 능력이 있으며 행동에 옮긴다는 것이다. 우리가 이 의미를 이해할 때 '아이를 사랑하는 것은 아이의 에너지를 상승하고 유지하는 것이다.'라는 사실을 알 수 있다.

우리가 평소에 아이를 응원하는 것이 진정한 사랑이 아닐 수도 있다. 아이를 때리면 아이에게 육체적으로나 정신적으로 고통을 준다. 이는 아이의 에너지를 소진시키고 아이의 성장에 도움이 되지 않는다. 물론 부모는 아이가 잘못했을 때 바로잡아 주어야 하지만 그렇다고 욕설이나 체벌로 이 문제를 해결해서는 안 된다. '약속한 시간 안에 잘못을 고치면 칭찬과 상을 받을 수 있다.'고 말하며 아이와 약속을 하는 것도 좋은 방법이다. 아이가 잘못을 전혀 고치지 않더라도 처음에 약속했던 모습 그대로 아이를 대하고 계속해서 문제점을 지적하며 필요한 경우 적절한 벌을 주어 아이가 스스로 잘못을 깨닫게 하는 것이 아이의 에너지를 향상시키는 것이다.

사실 아이의 문제는 부모의 잘못된 사랑 때문에 발생한다. 부모는 자신의 사랑이 아이의 에너지를 향상시키는지 아니면 소진시키는지 알아야 한다.

일상생활에서 우리는 '자존감과 자신감을 가지고 자립해야 한다. 대범하고 예의바른 사람이 되어야 한다. 스스로에게 엄격하되 남에게는 관대하라. 지는 쪽이 낫다. 조화를 이루며 사는 것이 최고다. 근면 성실하고 남을 사랑하라.'라는 말을 아이에게 꾸준히 해주고 좋은 에너지를 넣어주어야 한다. '아무도 눈치 못 채면 몰래 해도 돼. 절대로 손해 보면 안 돼. 더 영악해야지. 그 사람 믿지 마. 세상에 좋은 사람은 없어.' 같은 말을 해서는 안 된다. 이런 말들은 우리도 모르는 사이에 아이의 에너지를 소진시킨다.

심리학에 피그말리온 효과Pygmalion Effect라는 말이 있다. 긍정적인 기대와 관심이 기대한 것을 실현시키는 힘을 발휘하고 사람에게 좋은 영향을 미치는 효과를 말한다. 즉, 어떤 일이든 원하는 대로 이루어질 수 있다는 것이다. 긍정적인 기대든 부정적인 기대든 그로 인한 암시나 힘이 우리를 우리가 기대하는 방향으로 이끈다. 부모의 자식에 대한 기대가 밝고 긍정적이고 선량하면, 보이는 혹은 보이지 않는 힘이 아이를 더욱 긍정적으로 만든다. 반면, 부모가 자식을 남과 비교하고 늘 불만을 느끼면, 아이는 이기적이고 사랑이 부족한 그릇된 방향으로 나간다.

아이가 긍정적이고 낙관적인 인생관을 갖고 마음의 평정을 얻으면, 자신감을 가지고 삶을 대할 수 있게 된다. 우리 자신의 평소 언행을 늘 주의하자. 포용, 선의, 사랑이 가득한 마음으로 우리의 아이를 대하자. 그렇게 하면 아이의 에너지가 상승해 아이가 내적으로 행복을 가득 느끼며 밝고 건강하게 자랄 수 있다.

2

올바른 방식으로

사랑을 전해야 한다

천진난만하고 귀엽고 사랑스러운 아이를 대할 때마다, 부모의 마음은 기쁨으로 가득 차고, 온 세상을 아이에게 주고 싶을 것이다. 아이의 존재는 부모에게 '아이를 잘 키워서 최고의 삶을 제공하고 싶다!', '아이를 위해서라면 아무리 힘들어도 감내할 수 있다!' 하는 사명감을 부여한다.

하지만 과연 우리가 아이를 사랑하는 방식은 올바른가? 우리가 아이를 사랑하는 행동이 아이에게 에너지를 주는 것인가 아니면 아이의 성장을 오히려 해치는 것인가? 이 질문을 던지면 많은 부모들이 선뜻 대답을 하지 못한다. 물론 내가 사랑하는 방식이 잘못됐을지라도 난 내 아이를 사랑하고 이 모든 것이 그 아이를 위한 것이라고 대다수가 생각한다.

부모는 '아이를 위한 거야.'라는 말로 모든 행동을 정당화한다. 그렇다면 우리 자신이 성장한 과정을 생각해보자. 우리의 부모가 우리에게 가장 자주 한 말은 "다 너를 위한 거야."이다. 우리는 이 말을 들을 때마다 어떤 생각을 했나? 이 말 한 마디로 우리는 자유를 잃고, 부모의 사랑이라는 굴레 속에서 힘들었다. 부모가 우리에게 감당하기 버거운 사랑을 준 것이다.

실제 생활 속에서도 이런 상황을 자주 접한다. 부모는 자신의 사랑을 '아름답게' 포장하기 위해 이렇게 말한다. "다 너를 위한 거니까, 절대 거부할 수 없어." 아이는 스트레스를 받고 결국 폭발한다. 그리고 이렇게 부모에게 외친다. "저를 위한 거라고 말하지 마세요. 제 감정은 안중에 없잖아요?" 그렇다. 우리는 아이의 감정을 헤아려 보는가? 아이는 우리의 '사랑' 속에서 서서히 질식하고 있을지도 모른다.

그러나 많은 부모들은 자신이 틀렸다고 생각하지 않고 오히려 아이가 뭘 잘 몰라서 그런다고 생각한다. 부모는 아이를 책임지고 상처받지 않도록 보호해야 한다고 생각한다. 하지만 그릇된 사랑이야말로 가장 큰 상처이며, 아이의 몸과 마음의 건강을 해칠 수 있다.

그렇다면 우리의 잘못은 어디에 있는가? 우리는 혹시 사랑이라는 착각 속에 갇혀 있는 것은 아닐까?

첫째, 절제 없는 사랑. 절제 없는 사랑 속에서 큰 아이는 정신적으로 피폐해지며, 스스로 자신의 삶을 판단하고 이끌어 갈 능력을 상실한다. 이런 아이는 연민도 없고, 다른 사람에게 관심도 없고, 자기

중심적이며, 욕심이 많고, 인내심이 없고, 노력하지 않고, 무슨 일을 하든지 끝까지 견디지 못한다. 뿐만 아니라 독립심도 없고, 책임감도 결여되어 있으며, 유약하고, 이기적이고, 희생하려 들지 않고 욕심만 챙긴다.

절제 없는 사랑은 아이를 타락시켜 성격이 이상한 사람으로 만들고 건강한 성장을 저해한다. 진짜 사랑은 아이의 건강한 성장을 전제로 한다. 아이에게는 절제할 수 있는 사랑을 주어야 한다.

둘째, 보답을 원하는 사랑. 아이를 낳고 키우는 일은 모든 부모의 책임과 의무다. 우리는 아이를 '보험'이라고 생각하고 아이에게 보답을 요구해서는 안 된다. 아이가 부모를 공경하는 것은 당연하지만 이를 이유로 아이에게 우리가 정한 길로 가라고 강요할 순 없다. 아이가 우리의 사랑을 부담으로 느끼고 '부모가 수고를 많이 하기 때문에' 부모의 말에 복종해야 한다고 생각해서는 안 된다.

자식을 낳고 기르는 것과 부모를 공경하는 것은 사랑을 기초로 한다. 진정한 사랑은 그 사람에게 기쁨과 즐거움을 주어야 한다. 부모는 자식을 기를 때 보답을 바라면 안 된다. 부모가 되려면 진짜 사랑을 베풀어야 한다. 아이는 자라면서 부모에게 기쁨과 행복을 충분히 준다. 그런데도 여전히 부족하다 느끼는가?

셋째, 까다로운 사랑. 아이가 99점을 받았는데, 부모는 100점을 받아야 한다고 생각한다. 아들이 너무 양보만 하고 겸손하면 부모는 그가 남자답지 못하다고 생각한다. 아이는 부모와 함께 있고 싶은데 부모는 아이를 귀찮아한다. 아이는 어렵게 독립하는 법을 배웠는데, 부모는 아이가 부모를 잘 모시지 못한다고 비난한다. 아이가 무엇을 하든 부모는 불만족스럽고, 다른 집 아이가 더 낫다고 생각하며 아이에게 더 노력해야 한다고 강요한다. 아이가 아무리 노력해도 부모는 불만족스럽고, 늘 실망한다.

우리는 어떤가? 우리도 초심을 잃은 것은 아닐까? 우리는 원래 아이가 밝고 건강하게만 자라주기를 바라지 않았나? 부모가 까다롭게 사랑하는데 아이가 어떻게 밝고 행복해질 수 있을까? 우리는 아이에게 이래라 저래라 하기 전에 우리 자신은 과연 완벽한지 생각해 봐야 한다.

넷째, 조건부 사랑. "내 말도 안 듣고, 네가 미워.", "이렇게 해. 아니면 나도 너 같은 자식은 필요 없어.", "한 번 더 그러면 하는 수 없어. 엄마도 네가 싫어." 우리는 이런 말을 하며 아이를 통제하려 하는데, 이 말이 아이의 마음에 얼마나 큰 상처를 주는지는 생각하지 않는다. 사랑은 상대를 포용하고 지지하는 것이지 '조건'을 내걸고 주는 것이 아니다. 아이는 어린 마음에 공포를 느끼고 부모에게 버려질 수 있다는 초조함과 불안함이 생길 수 있다. 이런 감정들이 아이의 발전을 저해한다. 아이는 마음의 안정과 자신감을 잃는다. 이런 감정은 아이가 훗날 결혼했을 때에도 심각한 영향을 줄 수 있다.

다섯 째, 맹목적인 사랑. 많은 부모들은 아이를 사랑한다. 심지어 아이를 자기의 부모나 배우자보다도 중요하게 생각한다. 그래서 우리는 늘 '사랑'이라는 이름으로 아이를 꼭 쥐고 놓지 않는다. 아이는 우리가 정신적으로 기대는 유일한 곳이며 아이가 없는 삶은 의미가 없다.

그러나 아이도 자라서 성인이 되고 결국 우리 품을 떠나는 날이 찾아온다. 그래서 우리는 어릴 때부터 아이의 독립심을 길러주어야 하고 정신적으로 독립시켜 주어야 한다. 아이가 스스로 자유롭게 발전할 수 있도록 지켜봐주는 것이 진정으로 아이를 사랑하는 것이다. 우리는 이에 어긋난 사랑을 베풀어서는 안 된다.

여섯째, 책임을 전가하는 사랑. 아이를 위해서 자신의 일을 포기하는 엄마도 있다. 많은 부부들이 사랑하지도 않는데 자식 때문에 이혼도 못하고 산다. 결국 부모는 아이에게 불만을 갖게되고 책임을 떠넘긴다. 그러나 아이가 당신에게 일을 포기하라고 했는가? 아이가 당신에게 이혼하지 말라고 했는가? 책임을 전가하지 마라. 모든 사람은 자기의 인생을 책임져야 한다. 이 책임을 아이에게 전가해서는 안 된다. 사랑은 대가를 바라지 않고 기꺼이 주는 것이다.

앞서 설명한 사랑의 종류와 오해를 우리는 기억해야 한다. 올바르게 전달된 사랑만이 아이의 건강한 성장을 지켜낼 수 있다.

3

나의 변화로 아이를 변하게 하라

부모들은 자신의 판단이 옳다고 믿고 자기의 주관을 고집한다. 이것이 교육에서 가장 풀기 어려운 문제다. 사실, 많은 사람들이 어떻게 사랑을 베풀고 어떻게 아이를 교육해야 하는지 잘 모른다. 여러 교육 이론의 최종 목표는 모든 부모가 최선의 방식으로 아이를 대하는 법을 찾도록 돕는 것이다. 어느 부모가 최고로 좋은 방식으로 자식을 교육하고 싶지 않겠는가?

'아이를 기르되 가르치지 않는 것은 부모의 허물이다.'라는 말이 있다. 모든 아이의 성장은 그의 부모와 깊은 관계가 있다. 자식 교육은 부모의 교육관이 결정한다. 어린 시절 부모의 잘못된 교육과 이로 인한 여러 가지 감정들이 아이에게 영향을 주어 결국 이것이 '대물림' 결과를 초래한다. 그래서 부모가 바뀌지 않으면, 아이도 바뀌기 어렵다.

교육을 진심으로 이해하는 사람은 아이와 함께 나란히 서서 아이의 생각을 이해하면 결과가 달라진다는 사실을 잘 알 것이다. 우리가 아이의 세계를 이해하려고 노력할 때 아이와의 관계를 어떻게 개선해야 할지 알게 된다. 아이를 진정으로 사랑하고 깨달음을 얻은 부모는 아이에게 어떻게 하라고 요구하는 것이 아니라 자기 자신부터 바꾸고 에너지를 향상시키려고 노력한다.

사람의 성격과 습관은 감정에 기인한다. 이런 감정을 이해하려면 부모의 지혜와 예민한 관찰력이 필요하다. 예를 들어 아이가 내 뜻처럼 되지 않을 때, 아이와 나는 다른 인격체이며 성격, 흥미, 습관이 나와 큰 차이가 있다는 사실을 먼저 생각해야 한다.

한 사람의 개성이 좋은 방향으로 발전하는 것은 사랑이나 선량한 마음만큼 중요하다. 개성은 아이가 앞으로 사회생활에 즐겁게 참여할 수 있는 기초이자 전제조건이며, 아이가 지식을 탐구할 때 필요한 동력이자 원천이다. 어떤 부모는 아이를 교육시킬 때 자기 감정에만 충실할 뿐 아이의 심리 상태는 거의 안중에 없고 무턱대고 혼을 내는 경우가 있는데 이로 인해 아이는 책임감이 결여되고 감사할 줄 모르는 사람이 될 수 있다.

아이도 자기만의 세계가 있고 자기감정이 있다. 우리는 내가 좋아하는 것을 아이에게 강요하고 자신과 같기를 바라서는 안 된다. 이런 생각을 버리지 않으면 결국 아이에게 반항 심리가 생기거나 자기감정을 억누르는 아이가 된다.

그래서 우리는 아이의 행동이 이해되지 않을 때, 또는 그를 바꾸려 하기 전에 먼저 원점으로 돌아와 생각해볼 필요가 있다. 부모는 아이의 성격과 품성을 길러주는 첫 번째 스승이다. 아이가 앞으로 어떤 사람이 되길 원한다면, 나 스스로부터 그런 사람이 되어야 한다. 즉, 아이를 키우고 교육하는 데 있어 가장 중요한 것은 부모로서 책임감을 갖고 나의 행동으로 아이를 변하게 할 수 있다고 믿는 것이다. 우리는 '아이가 해주길 바라는 행동이 있다면 부모인 나부터 먼저 보여주자.'는 교육관을 가져야 한다.

자신이 아이에게 미치는 영향이 얼마나 중요한지 알고 난 후 한 엄마는 아기를 낳은 첫 날부터 좋은 엄마가 되기로 결심했다. 그녀는 좋은 엄마가 되어 아이에게 가장 가까운 동반자이자 완벽한 엄마가 되기로 했다. 그녀는 자기의 말과 행동 하나하나가 아이에게 영향을 준다는 것을 잘 알고 있었다. 그래서 자기의 결점을 극복하고, 부단히 공부하고 스스로를 바꾸어나가 아이의 좋은 리더가 되고자 했다.
그런데 말은 쉬워도 행동으로 옮기기는 어렵다. 자식을 교육시키면서 엄마는 아이를 위해 스스로 변할 것이라는 약속을 잊었다. 결국 어느 날 일이 터져버렸다.
그날 아이는 좋아하는 장난감을 엄마가 버리자 엄마에게 크게 화를 냈고 물건을 마구 던졌다. 분을 못 참아 폭력적인 행동을 보이는 아이를 본 순간 엄마는 자기 자신을 보았다. '내가 평소에 화를 낼 때 저랬을까?' 엄마는 순간 한 대 맞은 것처럼 멍해졌다. 엄마는 문제의 심각성을 깨닫고 아이를 위해서 자기 자신부터 변하기로 다시 결심했다.
그날 이후, 아이가 화나게 할 때마다 엄마는 화를 꾹꾹 참으며 긴 호흡을 했다. 그리고 평정심을 되찾아 아이와 이야기를 나눴다. 처음에는 그녀도 쉽진 않았지만 그 방법이 올바른 사랑을 전하는 방식이라고 생각하고 포기하지 않았다.
엄마가 스스로를 바꾸려고 노력하면서 아이의 변화도 자연스럽게 나타났다. 처음에 아이는 엄마의 변화에 의아한 표정을 짓고 엄마를 낯설어 했다. 하지만 아이는 엄마와 멀어지기는커녕 오히려 엄마와 더 가까워졌다. 아이는 더 이상 엄마에게 큰 소리를 치거나 물건을 던지지 않았다.

아이는 부모의 거울과도 같다. 부모가 자식을 교육하는 과정은 자기 자신의 모습에서 벗어나는 과정이다. 아이를 변하게 하는 방법만 연구할 것이 아니라 부모는 스스로를 변화시키는 것부터 공부해야 한다. 이것이 진리다. 부모는 아이를 대하는 방식을 항상 점검해보고 고치고, 아이와 함께 공부하고 성장해야 한다. 이것이 부모로서 아이를 진짜 위하는 것이다. 이 과정은 부모를 지혜롭게 만든다. 부모가 이기적인 마음을 버리고, 생각을 내려놓고 스스로 변하기 시작하면 아이도 선한 영향을 받는다.

아이의 품성을 믿고

아이의 현재의 감정에 관심을 기울일 때

아이는 자신이 되고 싶은 사람으로 자랄 수 있다.

아이는 현재를 즐기며

미래를 위한 건강한 마음을

차곡차곡 쌓아간다.

마음가짐
05

아이를 믿어주기

신뢰를 통해
길을 찾게 하자

- 아이의 영혼은 부모보다 고귀하다
- 부모는 아이의 내면의 감정을 주시해야 한다
- 아이의 성장은 자아를 만드는 과정이다
- 신뢰로 아이의 마음을 튼튼하게 하라
- 아이가 진정한 자기가 되게 하라

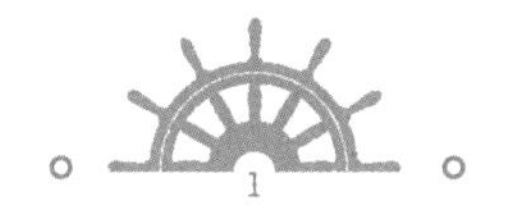

1

아이의 영혼은 부모보다 고귀하다

나이가 들면서 우리는 인생의 고비를 하나씩 만나게 된다. 특히 자녀교육 문제에서 어찌할 바를 모르는 부모들이 많다. "내가 정말 공들여 키웠는데, 왜 우리 아이는 몸이 약할까요?", "내가 최선을 다해 최고의 환경을 제공해주는데도 우리 아이는 불만만 가득하고 학교 가기도 싫다고 하고 숙제도 안 하려는 것일까요? 내 아이에게 무슨 일이 생긴 건가요?"라고 많은 부모들이 고민한다.

사실 문제는 아이가 아니라 부모에게 있다. 아이들은 이미 마음속에서 충분한 에너지를 준비해 미래를 향한 도전을 준비하고 있다. 아이의 영혼은 부모보다 고귀하다. 그들은 자신의 모습을 통해 부모가 스스로를 발견하고 완성하게 한다.

아이는 부모를 만들고 완성하기 위해 이 세상에 왔다. 부모는 아이의 상태를 통해 자신의 부족함을 발견할 수 있다. 그러나 실제로 많은 부모들의 자녀 교육관이나 마인드는 아이의 에너지를 소진시키고, 아이의 발전을 저해하며, 여러 가지 문제를 유발한다.

많은 부모들이 "요즘 애들은 우리 세대만 못해."라고 말한다. 부모가 고생하고 노력했는데도 불구하고, 아이는 왜 열심히 노력하지 않는 것일까? 편협한 생각과 현실에 대한 불안 때문에 부모는 아이의 우수한 부분을 보지 못하고, 아이를 믿지 못한다. '우리 애는 세상 물정을 잘 모르고, 미래에도 관심이 없어.', '우리 애는 자제력이 부족하고 자기 관리를 못 해.', '우리 애는 아직 너무 어려서 어떻게 하는 것이 도움이 되는지 잘 몰라.'라고 생각한다. 부모는 사랑이라는 이름으로 아이 대신 미래를 준비하고, 아이를 존중하는 대신 통제하려 든다. 아이가 스스로 깨닫게 하기 보다는 명령을 내리고, 믿어주지 않고 먼저 의심부터 한다. 부모는 아이에게 영혼이 있다는 사실을 망각하고, 아이를 부모의 사랑이라는 굴레에 가두어 놓는다. 아이가 스스로 출구를 찾지 못하게 된 것은 자신에게 원인이 있다는 것을 잘 모른다.

이런 사례는 우리 주변에서도 흔하다. 서른두 살의 장은 옷도 잘 입고 근사하게 다니지만 일은 잘 못하고 생활도 어려운 데다가 늘 술과 담배를 달고 산다. 그녀의 이야기를 들으면서 나는 엘리트인 그녀의 부모가 그녀를 믿어주기보다는 엄격히 관리했다는 것을 알게 되었다.

장이 중학생일 때, 한 친구가 그녀에게 전화를 했다. 그 여학생은 처음에 목 상태도 좋지 않았다. 통화를 할 때 옆에서 듣고 있던 엄마는 '남자 목소리'로 오해를 했다. 엄마는 곧바로 전화를 끊어버리고 심문하듯이 남자친구의 이름과 반, 주소를 대라고 다그쳤다. 이어 그녀에게 남학생이 왜 전화를 한 것이냐고 캐물었다. 그 당시 그녀는 울음조차 나오지 않을 정도로 당황했다. 그녀는 엄마에게 전화를 건 사람은 같은 반 친구고, 남학생이 아니라고 설명했지만 엄마는 믿지 않았다. 그녀는 너무 화가 나서 울고불고 소리치며 말했다. 엄마는 "울긴 왜 우니? 뭐가 그렇게 억울해서?"라며 화를 냈다. 다음 날 그녀는 이미 지난 일이라고 생각하고 잊어 버렸다. 하지만 엄마는 직접 학교로 가서 담임선생님을 만났다.
"혹시 같은 반 여학생 중에 남자 목소리 같이 쉰 소리를 하는 여학생이 있나요?"
엄마의 이런 행동은 그녀의 자존심에 상처를 주었고, 그녀는 엄마와 소원해졌다.
그녀가 진짜 사랑하는 사람을 만났을 때 엄마는 그녀가 사기꾼에게 속아 넘어갔다고 하며 억지로 헤어지게 했다. 결국 그녀는 사랑하지 않지만 부모님이 정해준 부모님이 만족하는 사람과 결혼했다. 그녀는 나에게 분노 섞인 목소리로 말했다.
"저도 감정이 있고 생각이 있는 사람이예요. 엄마가 저를 사랑하는 것은 알지만 나를 사랑하면 나를 믿어야죠. 왜 내 감정은 믿지 않고 사랑하지도 않는 남자에게 억지로 시집을 보낸 걸까요?" 엄마에 대한 분노와 원망하는 마음을 안고 그녀는 자포자기했다. 그녀는 자신을 해치는 방식으로 엄마에게 복수해 후회하게 만들어주고 싶었다.

아이는 세상에 태어난 순간부터 건강한 영혼과 스스로를 키울 수 있는 충분한 에너지를 가지고 있어서 자신의 삶을 찾을 수 있다. 부모가 아이에게 문제가 생겼을 때 초조하고 불안한 모습을 보여서도 안 되지만 "너를 포기했어. 구제불능이야."라고 쉽게 말해서도 안 된다. 부모는 충분한 사랑과 믿음을 보여주어 아이가 자신의 재능을 발전시키고 미래의 청사진을 그릴 수 있도록 도와주어야 한다.

신뢰의 힘은 엄청나다! 믿는 만큼 얻을 수 있다. 아이도 마찬가지다. 부모의 믿음이라는 에너지의 힘은 강하다. 아이가 선량하다고 믿으면 그 아이는 나쁜 일을 저지르지 않는다. 아이가 강인하다고 믿으면 그 아이는 우울해하거나 쉽게 좌절하지 않는다. 아이가 어떤 분야에서 천재라고 믿는다면 그 아이는 그 분야에서 자신만의 미래를 개척할 수 있다.

그러나 대다수 부모들은 '아이의 영혼이 부모보다 고귀하다.'는 사실을 잘 모른다. 그들은 아이가 아무것도 모르기에 제대로 된 결정을 내리지 못하고 책임을 질 줄 모른다고 생각한다. 그래서 자신의 아이를 믿지 못한다.

부모가 아이를 신뢰하지 못하면 아이는 정말 올바른 결정도 하지 못하고, 책임지는 법도 모르는 사람이 된다. 아이에게 큰 소리를 치는 대신 따뜻한 목소리로 "얘야, 엄마도 놀고 싶어 하는 마음은 잘 아는데, 숙제를 하지 않으면 선생님께서 주신 미션을 수행하지 못한 것이고, 숙제를 다 못하면 놀아도 마음이 편치는 않을 거야. 먼저 숙제부터 끝내고 놀면 훨씬 더 즐거울 것 같아. 어떻게 생각하니? 그럼 먼저 숙제부터 할까? 엄마는 네가 숙제를 빨리 잘 끝낼 수 있을 거라고 믿어."라고 말해주자.

우리의 태도는 아이가 어떤 사람으로 성장할지를 결정한다. 어른은 자신의 말과 행동으로 아이를 만든다. 어른의 평가는 아이의 성장에 중요한 영향을 준다. 아이에게 긍정적인 암시 교육을 실행하면 그들은 긍정, 인정, 칭찬 속에서 자라게 되는데 우리는 다음의 세 가지 노력을 할 수 있다.

첫째, 아이를 인정하고 격려하라. 부모가 아이에게 "다른 애들은 100점을 받는데 넌 겨우 80점이 뭐니.", "다른 애는 반장이 되었는데 넌 겨우 부반장이니.", "다른 애들은 1등을 했는데 넌 왜 겨우 10등이니, 너는 왜 승부욕이 없니.", "걔 좀 봐라, 넌 걔 반밖에 못 따라 가는구나.", "왜 이렇게 한 거니, 정말 짜증나."라고 소리치는 것을 종종 본다. 부모가 아이를 올바르게 평가하지 못하는 이유는 바로 평가 기준의 문제이다. 부모는 아이가 무조건 남보다 뛰어나야 한다는 생각만 할 뿐 아이도 서로 차이가 존재한다는 것을 모른다. 부모는 아이에게 다른 사람의 성적을 보라고 다그치고 다른 사람과 비교하지만 이는 아이의 성취욕을 불태우기는커녕 아이를 '자포자기' 하게 만든다는 것을 모른다. 가장 중요한 것은 아이를 충분히 이해하고 믿고 인정해주는 말을 해주어야 한다는 것이다.

둘째, 아이를 존중하고 마음으로 소통하라. 존중은 관심과 애정을 갖고 상대를 대하는 것이며, 다른 사람을 이해하고 간섭과 상처를 주는 행위를 피하는 것이다. 많은 부모들은 아이가 아직 뭘 잘 모른다고 생각하고 자신은 아이에게 상처를 주지 않았다고 생각한다. 이런 생각조차도 안 하는 부모들도 여전히 많고 누가 가르쳐주지 않기 때문에 상황이 개선되거나 달라지지 않는다.

셋째, 아이를 높게 평가하고, 잠재력을 발굴하라.

칭찬은 햇빛과도 같아 사람에게 따뜻함과 희망을 준다. 높이 평가한다는 것은 아이를 충분히 칭찬하는 것이다. 언어를 통한 긍정적인 암시는 아이의 자존심을 지켜주고 자신감을 키워준다. 그럼 아이는 용감하게 앞으로 나아갈 수 있는 동력을 갖는다.

모든 아이들은 태어날 때부터 사랑스럽고 건강한 에너지가 넘친다. 부모의 가장 큰 성공은 아이에게 재산을 물려주는 것도 아니고 교육을 많이 시키는 것도 아니라 그의 자신감을 키워주는 것이다. '아이의 영혼은 부모보다 고귀하고, 우리는 아이에게 충분한 사랑과 믿음을 줘야 한다.'는 사실을 반드시 기억해야 한다.

부모는 아이의 내면의 감정을 주시해야 한다

부모는 아이의 감정과 마음을 이해하고, 아이의 선택을 믿어주어야 한다. 그러면 아이는 가족의 따뜻한 사랑을 느끼고 부모와의 관계를 조화롭게 이어간다.

아이에게 신뢰하는 모습을 보여주자. 아이의 마음을 공감해주되 약속은 지켜야 한다고 알려주면, 신뢰를 형성하게 되고 아이도 기꺼이 약속을 지킬 것이다. 엄마가 그의 마음을 이해해주었기 때문이다.

우리가 아이와 소통을 하는 목적은 잘잘못을 따지는 것이 아니라 아이가 더 올바르게 자랄 수 있도록 하는 것이다. '아이 문제에서 감정과 도리道理가 충돌하면 감정을 선택하고, 감정과 성적이 충돌하면 감정을 선택하라.'라고 말하고 싶다. 우리가 따뜻한 마음으로 아이와 교감하면, 아이는 도리에 어긋나지 않게 행동하고 올바르게 성장할 수 있다.

엄마가 천천과 동생을 함께 데리고 놀러가서 물총을 사주었다. 그런데 집으로 돌아오는 길에 천천은 물총을 잃어버렸다. 다음날 천천은 말했다. "엄마, 물총 사주세요." 엄마는 천천의 말을 들은 후 진지한 표정으로 말했다. "알았다. 천천이 물총을 사고 싶구나. 그런데 집에 물총이 없니?"

(여동생은 자기 물총을 거의 가지고 놀지 않아서 엄마는 천천에게 동생 물총을 가지고 놀아도 된다고 말한 적이 있다.)

천천은 엄마의 진지한 모습을 보고 말했다. "어제 물총을 사주셨고, 제가 좋아하는 색을 골랐어요."

"천천이가 좋아하는 색을 고르고 싶구나. 그렇지?"

"네, 그리고 제가 고른 물총에 물이 다른 것보다 더 많이 들어가요."

"그렇구나. 천천은 좋아하는 색깔에 물이 충분히 들어가는 물총을 사고 싶은 거구나."

"네, 다른 사람과 다른 걸로 사고 싶어요. 그래야 다른 사람이 안 가지고 갈 거예요."

말을 계속 이어나가면서 천천의 감정은 요동치기 시작했다. 엄마는 말했다.

"알았어. 엄마는 무슨 말인지 잘 알겠어. 만일 다른 사람과 같은 물총이면 다른 사람이 가져갈 수 있지. 천천이 준비를 많이 했지만 같이 놀지 못하게 되면 화가 날거야."

천천은 조금씩 홍분을 가라앉히는 것 같았다. 엄마는 따뜻한 목소리로 말했다.

"옛날에 누가 천천이 물건을 가져간 일이 있었니?"

"네, 통통이가요."

"그렇구나, 통통이가 천천이 물을 채워놓은 물총을 가져갔어?"

"아니요. 유화물감이요."

알고 보니, 천천이 유치원에서 그림을 그릴 때, 유화물감을 책상에 두었는데 통통이가 가져가버린 것이다. 천천은 자신의 유화물감을 되돌려 받으려고 선생님에게 이 사실을 말했다. 선생님은 그 사실을 알고 난 후에 통통이에게 잘못된 행동이라는 말은 하지 않고 그냥 물감을 돌려주라고만 했다. 통통이는 천천에게 사과를 하지 않았고 천천은 매우 실망했다. 그날 이후 천천은 신중하면서도 소심해졌고, 조건을 달아 스스로를 보호하기 시작했다.

엄마는 천천과의 대화를 통해 새로운 사실도 알았다. 천천의 여동생이 유치원에서 비슷한 일을 겪은 것이다. 하지만 선생님은 물건을 가져간 학생을 혼내고 아이에게 사과하게 했다. 그래서 여동생은 여전히 적극적이고 개방적인 성향을 가지고 있다.

엄마는 천천이 왜 이렇게 '까다롭게' 변한 것인지 이해하게 되었다. 천천은 보호를 받아야 할 시기에 완벽한 보호를 받지 못했고, 마음에 상처를 입었다. 천천이 조건을 정하고 까다롭게 변한 것은 자신을 보호하기 위한 본능적인 행동이지, 일부러 사람들을 귀찮게 하려는 것은 아니었다.

그동안 자신이 천천을 혼낸 것을 생각하며 엄마는 너무 후회했다. 그런 일들이 천천에게는 불공평하게 느껴졌던 것이다. 엄마는 천천에게 사과했다. 그리고 천천도 엄마에게 고맙다고 말했다. 엄마는 천천이 용감하고 지혜로운 아이라고 칭찬했고, 상으로 천천에게 그가 원하는 새로운 물총을 사주었다. 엄마가 믿음과 지지를 보내주자 천천 역시 예전처럼 생기 넘치고 활발한 아이가 되었다.

부모는 아이의 감정적인 행동이나 예상치 못한 질문 앞에서 전후 상황을 이해하지 않고 마음대로 판단하거나 결정해서는 안 된다. 평정심을 가지고 "아이의 이런 행동에 무슨 이유가 있을까."라고 물어야 한다. 사실 모든 일에는 내재적 원인이 있다. 우리는 아이의 내면의 감정을 주시해야 한다. 우리가 아이의 내면의 요구에 주목하지 못하고 아이가 무언가를 요구할 때 혼을 내고 거절하면, 아이는 자기감정을 억누르고 마음을 닫아 자신을 보호하려는 '멘탈 프로세스'를 만든다. 이는 아이의 일생에 영향을 준다.

아이를 믿는 것은 그의 행동이 무조건 옳다고 말해주는 것이 아니라, 아이의 행동에 원인이 따로 있다는 것을 이해하고 아이에게 너를 믿는다는 이야기를 해주는 것이다. 아이의 행동은 그의 감정과 연결되어 있어 우리가 그의 마음에 들어가 원인을 찾아내고 적절한 방법으로 아이를 격려하여 아이의 부담을 줄여주어야 한다.

아이의 마음에 신경 쓴다는 것은 그가 마음대로 하도록 내버려 두는 것이 아니라 신뢰를 바탕으로 사랑, 응원, 도움을 주고 아이와 함께 지혜를 배워야 한다는 것을 말한다. 부모의 믿음을 받는 아이는 부모가 굳이 간섭하고 통제할 필요가 없다. 믿음을 통해 우리도 충분한 인내심을 갖게 되고 아이에게도 스스로 깨달을 수 있는 힘을 준다.

아이를 믿고 아이 내면의 감정을 살펴보고 왜 그런지 이유를 물어보자. 효과적인 방법으로 우리의 관심과 지지를 보여줌으로써 아이가 실수를 통해 능력을 키우고 경험을 통해 지혜를 쌓아 용기 있게 외부를 탐색하고 자기의 인생을 스스로 통제할 수 있는 사람이 될 수 있게 도와주어야 한다.

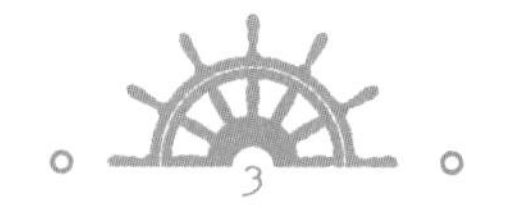

3

아이의 성장은 자아를 만드는 과정이다

아이도 어른처럼 온전한 성장 과정이 필요하다. 온전하다는 것은 완벽을 뜻하는 것은 아니다. 이 세상에 완벽한 사람은 없다. 온전하다는 것은 인성이 다양하고 입체적이며 충분히 성장한 것을 의미한다. 성장은 교육과 주입의 과정이 아니라 삶의 규칙을 찾아가는 과정이며 생명의 비밀을 해독하는 과정이자 자신의 가치를 만들어내는 과정이다.

그렇다면, 부모는 어떻게 해야 아이가 정서적, 신체적, 심리적, 정신적인 주인이 되게 도울 수 있을까? 우리의 관심이 아이의 올바른 성장의 동력이 되려면 어떻게 해야 할까? 어떻게 하면 아이가 온전한 인간으로 성장할 수 있을까? 아이의 능력과 판단을 믿으면 아이는 스스로를 더욱 잘 만들어나갈 수 있다.

우리는 부모로서 아이를 얼마나 믿고 있는가?

한 영국인 엄마가 열 살 난 딸 틸리를 데리고 남아시아 패키지 여행을 떠났다. 똑똑한 딸은 세계 지리에 특히 관심이 많았는데 크리스마스 2주 전에도 학교에서 '거대한 파도'를 공부했고, 학교에서는 틸리를 '전문가'로 불렀다. 수영복을 입고 바닷가에서 놀던 틸리는 큰 바다 저 멀리 하얀색 파도가 일어나는 것을 보았다. 그 모습은 푸른 하늘과 큰 바다가 두 세계로 나누어진 것 같았다. 관찰력이 뛰어난 틸리는 학교에서 배운 지리 지식을 떠올리며 이는 평범한 파도가 아니라 어쩌면 해변을 몽땅 삼켜버릴 수 있다는 생각을 했다. 그녀는 엄마에게 쓰나미가 올 것 같다고 말했다. 이 말을 들은 엄마는 딸의 말을 믿어주고 그 정보를 가이드와 여행팀에게 알렸다. 사람들은 황급히 피신할 준비를 했다. 이렇게 아이는 모든 사람을 구했다.

엄마는 물론이고 같이 여행을 간 팀들도 어린아이의 말을 믿어주었다. 정말 엄청난 일이다. 반대로 한 번 생각해보자. 만일 아이가 "쓰나미가 올 것 같아요."라고 말했을 때 부모가 "또 쓸데없는 소리 한다."라고 핀잔을 주고 사람들에게 "얘가 뭘 놀라서 그래요."라고 사과했다면 사람들은 아이의 말에 신경 쓰지 않았을 것이다.

하지만 이 엄마는 아이를 진심으로 믿었다. 정말 대단하다. 우리도 그녀를 본받아야 한다. 그녀처럼 아이를 믿어주는 법을 배우고, 아이의 목소리에 진심으로 귀를 기울여야 한다.

모든 부모는 자신의 아이를 믿고 싶다. 단지 아이의 독립성과 자제력을 걱정한 나머지 자신도 모르게 아이를 오해하고 있을 뿐이다. 이런 일들이 우리 주변에서 많이 일어난다. 한 아이가 나에게 했던 말이 아직도 생생하다. "우리 엄마는 늘 저를 의심해요. 한 번은 제가 정말 열심히 공부해서 좋은 성적을 받았는데도 엄마는 제가 이렇게 높은 점수를 받았다는 것을 믿지 못했어요. 정말 너무 상심했어요. 그래서 그날 이후로 전 노력 안 해요."

모든 아이들은 서로 다르기 때문에 자신의 생각을 표현하는 방식도 다르다. 그 방식은 괜찮을 때도 있지만 그렇지 않을 때도 있다. 부모는 아이를 믿고 아이의 목소리를 경청해야 하고 그때그때 올바른 가르침과 명확한 답변을 해주어야 한다. 부모의 이해, 신뢰, 격려는 아이의 자신감에 매우 중요하다. 그렇기에 부모는 아이와 더 많은 정서적 교감을 나누고 아이의 목소리에 귀를 기울이고 그의 내면세계로 들어가야 서로가 진정으로 신뢰하는 친구가 된다.

아이의 수많은 문제는 부모들이 믿음을 주지 못해서 생긴다. 우리 한 번 생각해보자. '내가 아이를 온전히 믿어주지 못하면서 아이에게는 자기표현을 하라고 한 적이 있는가?', '혹시 아이가 꾸물거리며 제대로 의사표현을 하지 못할 때 참지 못하고 중간에 말을 끊어버린 적은 없었나?'

아이는 태어난 순간부터 부모를 무한 신뢰한다. 부모가 아이를 믿고 따뜻하게 안아주면 아이는 안전함을 느낀다. 그러나 우리는 어떻게 아이를 대하고 있는가? 아이를 믿지 못하고, 아이가 거짓말을 하고 있다고 오해하고, 아이가 정말 그런 능력이 있는지 의심하지 않는가? 우리는 아이의 생각들을 마음에 들어 하지 않고 부정하고 비평한다. 아이가 자아를 만드는 과정에서 아이를 가장 힘들고 고통스럽게 하는 것은 부모의 비난과 의심이다.

사실, 아이는 많은 일들을 할 수 있다. 부모가 아이를 믿지 못해서 스스로 하게 내버려 두지 않고, 스스로를 단련할 기회를 주지 않을 뿐이다. 부모는 자녀교육을 하기 전에 먼저 자신의 아이를 믿고 지켜볼 수 있는 공부를 해야 한다. 그래야 아이도 우리가 믿음을 주는 방향으로 건강하게 성장할 수 있다.

중국의 교육가 타오싱즈陶行知 선생이 이런 말을 한 적 있다. "자녀교육의 비밀은 자식을 믿고 지켜보는 것이다." 자녀에게 더 많은 믿음을 주고 스스로 성장할 수 있게 기다려주고 지켜봐주자. 우리는 아이가 성장하는 자연의 섭리에 순응해야 한다. 지금부터 아이를 무한 신뢰하자. 아이를 칭찬하고 격려하고, 아이의 장점을 발굴하도록 노력하자. 아이는 우리의 믿음과 사랑 속에서 자신을 찾고 성장하면서 자신감이 생기고 스스로 강해진다.

신뢰로

아이의 마음을 튼튼하게 하라

인생이 찬란한 사람도 있지만, 암흑 속에서 헤매는 사람도 있다. 모두 같은 출발선에 있었는데 인생과 운명이 어쩌다 이렇게 달라지는 것일까? 우리를 둘러싼 외부의 삶이 우리의 마음 상태를 결정한다. 내적으로 사소한 차이가 외적으로 극명한 차이를 가져온다.

긍정적인 마음은 희망을 보게 하고 어려움을 극복하도록 도와준다. 부정적인 마음은 스스로를 폐쇄적으로 만들고 절망하게 하며, 사람의 잠재 에너지를 말살시킬 수 있다. 이 역시 모든 부모가 알아야 한다. 아이가 성장하는 과정에서 여러 가지 문화와 지식을 배우는 것도 중요하지만 더 중요한 것은 아이가 긍정적이고 충만한 마음과 강인한 정신을 가질 수 있도록 하는 것이다.

'피그말리온 효과'는 신뢰를 원리로 하는 유명한 실험이다. 이 효과는 아이들 교육에 널리 사용되고 있다. 교육자가 항상 아이에게 무한한 신뢰를 보낼 때 아이의 적극성이 향상되고, 아이는 격려와 믿음 속에서 계속 진취적으로 변해 내적으로 충실하고 행복을 느끼게 된다.

모든 아이의 잠재력은 무궁무진하다. 부모의 신뢰를 받으면 아이의 깊은 곳에 내재되어 있던 잠재력이 폭발하고 자신에 대한 믿음과 능력이 강해진다. 부모의 무한한 신뢰와 믿음으로 아이는 자신의 장점을 발견하게 되고 좋은 품성을 기를 수 있다.

아이가 아무리 어려도 독립된 인격체이며 성인과 마찬가지로 자기의 생각이 있고 독립된 의식이 있다. 아이는 부모의 이해, 존중, 신뢰를 원한다. 그러나 현실 속 많은 부모들이 이 점을 망각하고 있다. EQ 전문가의 분석에 따르면, 아이를 믿으면 아이는 내재된 역량을 최대한 발휘하고 즐거움과 편안함을 느끼게 된다고 한다. 그래서 어릴 때부터 신뢰 속에서 자란 아이는 우수한 능력과 자질을 펼칠 수 있다.

실제로 우리는 누군가로부터 신뢰를 받을 때 온 몸에 에너지가 솟구치는 것 같은 느낌을 받는다. 우리의 마음 깊은 곳에 강한 동력이 우리를 적극적으로 노력하게 만들고, 목표 달성에도 믿음을 갖게 한다. 아이는 우리보다 더 강하다. 아이는 부모의 태도를 통해 자신을 인식하고 이해한다. 아이가 부모로부터 자신이 믿을만한 사람이고 능력 있는 사람이라고 인정을 받으면 잠재의식 속에서 내재된 자원이 이 능력을 더욱 발전시켜, 날로 자신감이 커지면서 문제 해결 능력을 갖게 된다.

부모가 주는 믿음은 아이의 내면의 힘을 끌어낸다. 부모가 믿음을 주면 아이는 자신이 넘어진 지점에서 다시 일어나, 자신의 이상을 실현하고 부모의 믿음을 저버리지 않기 위해 한 발자국씩 노력하고 결국 성공의 문 앞에 이르게 된다.

가정교육 전문가가 이런 말을 한 적이 있다. "교육의 비밀은 아이의 행동을 믿어주는 것이다." 성인과 마찬가지로 모든 아이의 내면에는 인정받고 싶은 욕망이 있다. 이것이 가장 강렬한 내적 욕망이다. 부모는 믿음으로 아이의 내면을 강화하고, 아이에게 전진할 수 있는 믿음과 힘을 실어주어야 한다. 아이를 믿는 것은 복숭아나무 씨앗에 충분히 물을 주고 햇빛도 쬐어주어 복숭아나무로 자라도록 돕는 것과 같다.

아이가 성장하는 것은 생명의 모습이며 자연의 섭리다. 아이는 씨앗과 같다. 우리가 충분한 믿음과 격려를 보내준다면 아이는 자연의 섭리에 따라 스스로를 발전시킨다.

외적인 세계는 사실 내면의 거울일 뿐이다. 우리가 어떤 태도로 자기와 타인을 대하고 어떠한 방법으로 주변 사람과 사물을 대하느냐에 따라 결과가 달라진다. 자녀 교육도 마찬가지다. 부모의 태도가 다른 사람, 다른 인생을 만든다.

아이를 믿는 것은 아이에게 신뢰의 신호를 계속해서 보내는 것이다. 부모는 아이에게 "너는 틀리지 않았다고 믿는다.", "할 수 있어." 라고 말하며 표정과 눈빛 등 신체 언어로 믿음을 전해주어야 한다.

아이를 믿는 것은 아이에게 결정권을 주는 것이며, 아이가 자기가 생각한 대로 할 수 있도록 지지하는 것이다. 아이를 믿는 것은 아이가 성공의 즐거움을 얻고 실패를 통해 교훈을 배우게 하는 것이다. 결과에 상관없이 부모는 아이의 능력을 인정하고 격려하고 조언하되, 맹목적인 비난과 잔소리는 피해야 한다.

부모는 아이의 지원군이 되어 아이의 성장 길목마다 그를 위해 아낌없이 박수쳐주고, 응원해주어야 한다. 부모의 긍정적인 말 한마디와 무한한 믿음과 격려를 아이는 오랫동안 기억하며, 자기 자신을 변화시키는 원동력으로 삼는다.

믿음은 마음을 편하게 만들어주고 의지를 불태워준다. 부모가 아이를 충분히 이해하고 믿으면 아이를 잘 이해할 수 있다. 아이의 마음을 충분히 알고 어려움과 도전을 용감하게 헤쳐 나갈 수 있도록 그를 든든히 지원해주고 빛나는 삶을 살 수 있도록 격려해야 한다.

5

아이가 진정한 자기가 되게 하라

자녀교육 과정에서 부모가 아이를 대하는 방식은 아이에게 영향을 준다. 부모가 무의식중에 자기감정을 아이에게 전달하면 아이는 그 감정을 그대로 복제하고, 부모가 겪었던 불행과 좌절을 반복한다. 만일 우리가 우리 생각대로만 아이를 교육시키려 들면 아이의 마음속에 부정적인 감정의 씨앗이 생겨 아이의 성장을 저해한다.

때때로 우리는 아이가 남보다 뒤처지거나, 좌절하고 나약해지는 모습을 보며 우리 아이가 다른 아이보다 똑똑하지 못하거나 재능이 없다고 생각한다. 이런 감정 씨앗은 무의식중에 드러나 아이의 자신감에 영향을 준다. 비록 보이지는 않지만 아이는 성공할 수 있었던 기회들을 잃어버린다. 만일 우리가 마음속에서 아이를 재능 있고 지혜로운 사람이라고 여겼다면 전혀 다른 결과가 나왔을 것이다.

그러나 실제로 많은 부모들은 올바른 자녀교육 방법을 잘 모른다. 그들은 아이의 행동이나 능력에 불만을 표할 때마다 습관처럼 말한다. "커서 뭐가 될 거니!" 어떤 부모는 무의식중에 아이를 다른 아이와 비교하면서 "재 좀 봐라. 얼마나 대단하니!"라고 말한다. 또 사람들 앞에서 "우리 아이가 이렇게 생각이 없어요."라고 겸손한 척도 한다. 수많은 부정적인 암시에 노출되어 있는데 어떻게 스스로를 바보라고 생각하지 않겠는가? 이런 외적인 요소들의 작용 속에서 아이는 '나는 바보'라는 생각을 굳히게 되고 자신감을 잃게 된다. 특히 어떤 일을 해내지 못하면, 쉽게 자기 비하를 하게 된다. 이때 아이의 잠재의식은 자신을 보호하기 위해 새로운 정보를 거부한다. 그 결과, 우리의 아이는 정말 '아무것도 할 수 없는' 바보가 된다.

아이는 태어나면서부터 좋은 품성을 가지고 있다. 친진난만하고, 선량하고, 순수하고, 사랑이 넘치고, 성실하다. 부모가 자신의 아이에게 이런 좋은 품성이 있다고 믿고, 그에게 긍정과 격려를 해주면 아이의 품성은 더욱 발전해 진짜 훌륭한 성품을 가진 사람으로 성장한다. 하지만 부정적 감정이나 현실적인 스트레스 때문에 아이는 어쩔 수 없는 상황에서 거짓말 같은 나쁜 방식을 신댁한다. 거짓말은 아이가 스스로를 보호하려는 본능이다. 아이가 위험을 느꼈을 때 우리는 아이를 충분히 이해하고 올바른 방향을 제시해야 한다.

예를 들어, 아이가 거짓말을 하거나 누군가를 때리면, 그런 행동과 아이의 품성을 연관 지어서는 안 된다. 극단적인 행동은 아이의 품성에 문제가 있어서가 아니다. 아이가 스트레스 상황에서 대응한 것일 뿐이다. 만일 부모가 아이를 믿어주고 문제 발생의 원인을 정확히 파악한 다음 아이의 감정 스트레스를 이해하고 그에 맞게 행동하면, 아이의 감정도 풀리고 나쁜 행동도 자연스럽게 사라진다. 만일 부모가 아이의 나쁜 행동을 발견하고도 옳고 그름을 따지지도 않고 일방적으로 아이의 인격만을 비난한다면, 정말 '나쁜 아이'로 자랄 수 있다.

아이를 믿어주고 사랑으로 아이를 대하는 방법을 배워야 한다. 모든 부모는 자기의 아이가 행복하길 바란다. 하지만 남보다 뛰어나고 남보다 성공을 거두었다고 해서 꼭 행복한 것은 아니다. 사회의 경쟁이 날로 치열해지면서 부모는 아이의 장래를 걱정한다. 아이가 더 나은 삶을 살도록 하기 위해 부모들은 아이를 위해 좋은 학교를 알아보고, 좋은 학원에 보내고 다양한 기회를 제공하지만 선의로 출발한 부모의 계획은 아이를 통제하고, 아이가 자유롭게 발전할 수 없도록 만든다.

아이가 무럭무럭 자라려면 부모의 지원과 도움이 필요하다. 부모는 아이가 앞으로 독립적으로 생활할 수 있는 능력을 갖도록 도와야 한다. 하지만 부모가 일방적으로 아이를 통제하려 들어서는 안 된다. 아이에게 걷는 법을 가르쳐 줄 때 처음에는 부모가 곁에서 도움을 주어야 하지만 그렇다고 부모가 처음부터 끝까지 옆에서 아이를 부축해주라는 것은 아니다. 아이가 스스로 일어서고 걸을 수 있을 때 서 있는 모습이 아무리 불안해보이고, 뒤뚱뒤뚱 걸어도 우리는 아이 스스로 할 수 있게 내버려두는 것을 배워야 한다.

정신 장애 질병의 하나로 최근 몇 년 간 청소년 강박증 발병률이 올라가고 있다. 만일 제때 치료받지 못하면 아이는 우울증에 걸리고 심한 경우 자살할 수도 있다. 그래서 우리는 우리 자신의 일에 몰두할 것이 아니라 아이의 몸과 마음의 건강을 항상 체크해야 한다.

아이를 가르칠 때 가장 먼저 아이를 있는 그대로 받아들이고 아이에게 충분한 믿음, 격려를 주어야 한다. 그리고 존중과 따뜻한 마음으로 아이의 마음을 읽고 생각에 귀를 기울여야 한다. 그저 남의 경험을 일방적으로 따라하거나 각종 기준과 잣대를 가지고 아이를 키워서는 안 된다. 이런 방식은 아이의 성장에 도움이 되지 않고 심지어 아이를 망치는 전혀 다른 결과를 초래할 수 있다.

프랑스의 위대한 계몽 사상가이자 교육자인 루소가 말했다. "잘못된 교육을 받은 아이는 교육을 안 받은 아이보다 훨씬 지혜롭지 못하다." 부모는 자기 자식을 믿어야 하고 관심을 쏟고, 자신의 언행을 반성하며, 생각과 태도를 바꾸어야 한다. 부모가 아이에게 믿음을 주면 아이는 자연스럽게 발전한다. 아이의 품성을 믿고 아이의 감정에 관심을 기울일 때 아이는 자신이 되고 싶은 사람으로 자랄 수 있다.

우리가 어릴 때부터 책임감을 길러
평소에 항상 책임지는 모습을 보인다면
우리의 아이도 책임감을 갖게 되고
가정에서 또는 단체와 사회에서 책임감 있는 사람이 된다.

마음가짐
06

용감히 책임지기

책임지는 부모의 모습을 보여주자

- 아이에게 책임지는 법을 알려주자
- 아이가 책임감을 갖고 성장하게 하라
- 잃어버린 책임감을 찾아라
- 수용하고 직면하라
- 사회 규칙을 지키는 것부터 시작하자

1

아이에게 책임지는 법을 알려주자

한 기업에서 부장급 직원 한 명을 모집했다. 치열한 경쟁을 뚫고 2차 시험에 3명이 통과되었다. 세 사람이 사장 사무실에 오자 사장은 업무 관련 전문지식에 대한 질문은 하지 않고 사무실을 둘러보게 했다. 그 후 티테이블 위의 화분을 보여주며 말했다. "이 화분은 제가 경매에서 사온 것입니다. 돈 좀 썼죠."
얼마 후 비서가 들어와 사장에게 급히 처리해야 할 일이 있다고 알렸다. 사장은 고개를 끄덕인 후 나가기 전에 세 사람에게 말했다. "티테이블을 저쪽으로 옮겨주겠습니까? 곧 돌아올게요."
사장의 분부가 떨어지자 사람들은 자기를 어필할 수 있는 기회라고 생각했고, 사장이 나가자마자 세 사람은 황급히 움직였다. 티테이블은 꽤 무거워서 세 사람이 힘을 합쳐야 겨우 움직였다. 세 사람은 티테이블을 사장이 지정한 장소로 옮겼는데 실수로 다리 하나가 부러졌고 티테이블 위의 화분이 그만 떨어져 와장창 깨져버렸다.

세 사람은 너무 놀라 그 자리에서 미동도 하지 않았다. 그들은 아직 자신의 능력도 제대로 보여주지 못했는데 너무 비싼 화분을 깨뜨려버려서 사장 얼굴을 무슨 면목으로 봐야 하나 고민했다.

바로 그때, 사장이 돌아왔다. 눈앞의 상황을 보고 사장은 화가 나서 소리쳤다. "무슨 일입니까? 이렇게 비싼 화분을 어떻게 배상할 거죠?"

첫 번째 응시자는 사장에게 아무렇지 않은 듯 말했다. "제 잘못은 아닙니다. 사장님께서 옮기라고 시키신 거죠."

두 번째 응시자는 사장을 달래듯이 말했다. "티테이블이 품질에 문제가 있었어요. 티테이블을 판매한 사람에게 가서 배상을 받아야 할 것 같습니다."

화가 난 사장의 얼굴을 보고 세 번째 응시자는 몸을 굽혀 화분의 깨진 파편을 쓸어 담았다. 그는 두 사람의 말을 들은 후 파편을 한 쪽으로 정리하고 말했다. "제 잘못입니다. 화분을 옮겨놓은 후에 티테이블을 옮겼으면 좋았을 것을요. 좀 더 조심했더라면 이런 일이 안 생겼을 텐데 죄송합니다."

세 번째 응시자의 말을 들은 사장의 얼굴이 밝아지면서 그의 손을 잡았다. "스스로 책임을 질 줄 아는 사람이 훌륭한 사람입니다. 입사를 축하합니다."

다른 선택이 다른 결과를 낳았다. 작은 책임 테스트에서 두 사람은 패했고 세 번째 응시자는 채용되었다. 그건 단지 그날 그가 운이 좋았던 것이 아니라 용감하게 책임을 인정했기 때문이다. 그는 자신의 잘못을 솔직하게 인정하고 책임지는 모습을 보였다. 책임을 진다는 것은 모든 일에서 가장 기본이 되는 요소이며 다른 어떤 능력보다 중요하다. 이런 사람은 어떤 회사에서도 환영할 것이다.

사회학자 킹슬리 데이비스Kingsley Davis는 이렇게 말했다. “자신에게 주어진 사회적 책임을 방치하는 것은 자신이 이 사회에서 영위할 수 있는 더 나은 기회를 포기하는 것이다.” 능력이 부족해서 또는 문제가 생겨서 우리는 여러 가지 실수를 하게 된다. 실수를 하더라도 두려워하지 말자. 중요한 것은 우리가 우리의 책임을 명확히 인식하고 있으며 용감하게 책임을 질 줄 아는 것이다. 책임을 인정하면 우리는 다른 사람의 양해와 존중을 얻을 수 있고 신뢰와 용서를 구할 수 있으며, 스스로에게 떳떳할 수 있다.

아이의 책임감은 이런 시절 환경과 경험을 통해 만들어진다. 아이가 자신의 행동에 책임을 지는 법을 배우면 온갖 수단과 방법을 동원해 책임을 회피하는 것보다 훨씬 큰 위력을 발휘한다. 책임을 질 줄 아는 사람은 성공할 수 있다. 그렇다면 우리는 아이의 책임감을 어떻게 길러줄 수 있을까?

1920년의 어느 날 한 미국인 소년이 친구들과 축구를 하고 있었는데, 실수로 축구공이 이웃집으로 날아가 유리창이 산산조각이 났다. 소년의 아버지는 아들을 혼자 이웃집으로 보내 잘못을 시인하고 용서를 빌게 했다. 눈물을 글썽이는 아이를 보며 처음에 화를 내고 완강했던 이웃 주민은 배상금 15달러에 합의했다. 당시 15달러는 닭 15마리를 살 정도로 적은 돈은 아니었다. 매일 몇 센트의 용돈을 받는 남자 아이에게 정말 천문학적인 액수였다.

일반적인 부모는 아이에게 돈을 주고 이웃에게 배상하게 할 것이다. 하지만 아버지는 소년에게 자신의 실수에 대한 책임을 지고 15달러를 직접 물어주라고 했다. 소년은 말했다. "하지만 전 돈이 없어요." 아버지는 소년에게 15달러를 주며 말했다. "15달러는 내가 빌려주는 거야. 일단 유리 값을 물어주고 1년 후에 갚도록 해라." 그날 이후 매주 주말이나 공휴일이면 소년은 아르바이트를 했고 6개월 정도 고생 끝에 15달러를 아버지에게 갚았다. 이 아이가 바로 훗날 미국 레이건 대통령이 되었다.

교육심리학에서는 부모가 아이를 대신해 책임지는 행동을 해서는 안 된다고 한다. 부모의 행동으로 아이는 잘못을 대수롭지 않게 생각한다. 만일 아이가 자신의 행동에 책임지는 사람이 되길 바란다면 아이에게 자신의 언행에 책임져야 한다는 사실을 가르쳐주고, 자신의 행동을 통제할 수 있는 능력을 길러주어야 한다.

직접 겪고 나면 그 일의 이치를 자연스럽게 깨닫게 된다. 상황을 이해하고 나면 어떤 선택을 해야 할지 알게 된다. 사실, 아이는 경험을 통해 스스로 성장하며, 행동을 통해 세상을 인식하고 탐색한다. 아이의 행동으로 인한 결과를 그의 품행과 연결지을 필요는 없다. 아이를 혼내고 인신공격을 하면 아이의 자존심에 상처를 주고, 아이의 인격 형성에 하나도 도움이 되지 않는다.

사실, 아이가 실수나 잘못을 했을 때가 자녀 교육의 가장 최적의 타이밍이다. 아이가 실수를 할 때 부모의 태도가 아이의 인격을 만든다. 아이를 무작정 편드는 것은 그를 해치는 것이다. 아이를 대신해 책임을 지는 것은 방관이다. 아이가 스스로 책임을 질 때 아이의 미래는 큰 자산을 쌓는다.

2

아이가

책임감을 갖고 성장하게 하라

책임감은 건강한 인격의 기초이며, 책임감이 결여된 아이는 건강하게 성장하기 어렵고 큰일을 할 수 없다. 예로부터 지금까지 성공한 사람은 책임감이 강한 사람들이다. 책임감은 아이가 미래에 성공을 할 수 있는 전제 조건이다.

하지만 현실에서 우리는 게으르고 무책임한 습관을 가지고 있는 젊은이를 종종 본다. 그들은 공부나 일을 할 때 대충하고 문제가 생기면 자기 자신에게서 원인을 찾기 보다는 다른 사람에게 책임을 떠넘긴다. 많은 부모들은 아이가 자기 마음대로 하고 실수를 인정하지 않는다고 비난한다. 부모는 아이를 비난하고 한탄하면서 자기 스스로는 반성하고 있는가?

누가 아이가 책임을 질 기회를 가로챘는가? 아이가 책임을 져야 할 때 부모는 어떤 역할을 했는가? 부모가 아이를 '보호'하고 대신 일을 처리해주는 것이 아이를 해치는 것이다. 책임감이 결여된 사람의 대부분은 어린 시절부터 부모의 과잉보호와 보살핌 속에서 부모로부터 책임을 남에게 미루어도 된다는 교육을 받고 자랐다.

심리학자가 지인의 초대를 받았다. 지인의 아이는 거실에서 계속 뛰어다녔고 의자에 밀려 넘어졌다. 아이의 울음소리를 들은 후 엄마는 황급히 아이에게 달려왔다. 그리고 손으로 의자를 치며 말했다. "울지 마. 엄마가 '때치때치' 해줄게. 누가 우리 아가를 울렸어."
이 엄마의 행동을 보면서 심리학자는 이상하다는 생각을 했다. 그는 정중히 엄마에게 말했다. "의자와 아이는 아무런 관련이 없어요. 아이가 조심하지 않아서 생긴 결과지, 의자의 잘못이 아닙니다."

이 엄마의 방법은 우리에게 낯설지 않고 하나도 이상해보이지 않는다. 하지만 이 방법은 잘못됐다. 이 때문에 아이는 책임감이 결여된 사람이 될 수도 있다. "나는 부모들이 왜 아이들이 책임을 회피하도록 교육시키는지 이해할 수 없어요. 책임을 질 줄 모르는 사람은 발전할 수가 없습니다!" 심리학자는 말했다.

반대로 같은 상황에서 어떤 엄마는 다른 행동을 취한다. 그녀는 아이에게 의자를 다시 돌리게 한 후 아이에게 말했다. "의자랑 부딪친 이유는 세 가지가 있어. 첫째, 너무 빨리 달려서 넘어진 거야. 둘째 앞을 보지 않아서 그래. 셋째, 딴생각을 하고 있어서 그런 거야. 어떤 상황이었을까?"

의자는 물체다. 부모는 아이가 의자와 부딪쳤을 때 책임을 의자에 돌리지 않아야 한다. 의자에 책임을 돌리는 것은 아이에게 무슨 일이 닥치면 책임을 회피하고 변명을 하라고 가르치는 것과 같다. 정말 나쁜 방법이다. 두 번째 엄마는 아이에게 자신의 책임을 인정하게 하고 남에게 미루지 말라고 가르쳤다. 이런 교육을 받고 자란 아이는 무슨 일을 하든지 자기 자신에게서 먼저 문제점을 찾아내고 책임감을 기르면서 성공의 계단으로 올라간다.

책임감은 어려움을 극복하는 열쇠다. 책임감이 있으면 진지한 태도로 자신의 주변 사람을 대하고, 어떤 어려움과 도전 앞에서도 끝없이 문제를 탐색하고 어려움을 극복하여 결국 문제를 해결한다. 사람이 모든 일을 다 잘 할 수는 없다. 하지만 어떤 일이든 진지하고 책임감 있는 태도를 가지면 그는 이를 바탕으로 난관을 극복하고 자신의 잠재 에너지를 발휘하게 된다.

아이의 책임감을 길러주려면 반드시 다음의 내용을 기억해야 한다.

첫째, 아이가 스스로 할 수 있는 일을 절대 대신 해주지 마라. 아이가 자신의 일에 책임을 지는 법을 배우게 해야 한다. 어릴 때부터 스스로 생각하고 문제를 해결하고 처리하는 능력을 키워주어야 한다.

둘째, 아이 스스로 행동에 따라 다른 결과를 초래할 수 있다는 사실을 깨닫게 하고, 자기의 행동에 책임을 지고 인정하는 법을 배우도록 해야 한다. 밖에서 놀 때는 아이에게 환경 보호는 모든 사회인의 책임이라는 사실을 알려주고 아이가 쓰레기를 함부로 버리지 않도록 가르쳐야 한다. 집에서는 아이가 할 수 있는 집안일을 시켜 책임감을 길러주도록 한다. 아이가 순간의 충동을 못 이겨 다른 사람에게 피해를 주면 직접 사과를 하도록 하고 책임을 지게 한다. 아이가 자신의 행동에 책임을 지는 법을 배우면 그는 해야 하는 일과 하지 말아야 할 일을 분별할 수 있고 무슨 일을 하든지 신중하고 냉정하며 진지하게 행동하는 습관을 기를 수 있다. 이는 아이의 인생에 큰 영향을 미친다.

셋째, 아이에게 좌절과 고통을 감내하는 법을 배우게 하라. 아이가 재미로 시작한 일이라도 끝까지 책임을 져야 하고 필요할 경우 대가를 치를 수도 있다는 사실을 분명히 말해주어야 한다. 아이가 어떤 악기를 배우고 싶다고 하면 아이에게 중간에 포기해서는 안 되며, 열심히 하지 않으면 그에 상응하는 벌을 받을 수도 있다고 알려주어야 한다. 그러면 아이는 자신의 행동에 책임을 지고, 악기를 배울 때 조금 지루하고 재미없더라도 이를 이겨내고 끝까지 해낼 수 있다.

물론 아이를 책임감이 있는 사람으로 키우려면 부모 스스로 책임감 있는 모습을 보여야 한다. 이것이 가장 중요하다. 만일 우리가 어릴 때부터 책임감을 기르고 평소에도 항상 책임지는 모습을 보이면 우리의 아이도 책임감을 갖게 되고 가정에서 또는 단체와 사회에서 책임감 있는 사람이 된다.

3

잃어버린 책임감을 찾아라

아이가 실수를 했을 때가 책임감을 길러줄 골든타임이다. 아이가 용감하게 실수를 인정하고 문제를 해결하는 것은 그가 책임감을 갖는 데 가장 중요한 역할을 한다. 부모가 아이의 행동을 눈감아주면 아이는 자신의 행동에 책임감을 갖기 어렵다. 반대로 책임을 추궁하면 아이는 실수를 했을 때 극도의 긴장과 공포를 느끼게 된다. 하지만 실수를 잘 해결하면 아이는 지혜가 생기고, 실수를 통해 경험을 쌓으며 책임감을 갖게 되고, 책임감이 강한 사람으로 자란다.

책임을 지는 동시에, 아이는 자신의 행동으로 인한 결과에서 여러 가지 삶의 원칙을 배운다. 무례한 행동을 하면 다른 사람을 화나게 해 친구를 잃을 수 있다. 시험 전에 충분히 복습하고 열심히 공부하지 않으면 좋은 성적을 거둘 수 없다. 대가 없이는 얻을 수 없다는 것을 깨닫게 된다.

그러나 지금 많은 부모들은 '경험하지 않으면 성장하기 어렵다.'는 진리를 잊은 것 같다. 자식 일에 지나치게 개입하여 그가 책임감을 잃게 만든다. 아이가 물건을 잃어버리거나 망가뜨리면 곧바로 새로운 것을 사주고, 아이가 실수를 하면 덮어놓고 아이 편만 든다. 법을 위배한 행동을 하면 변호사를 고용한다. 이러니 아이들이 사람으로서 가장 기본적인 관계를 어떻게 습득할 수 있을까?

사람의 생각은 의식과 잠재의식에서 나온다. 의식은 우리가 공부한 지식, 세상과 사회에 대한 인지이며, 잠재의식은 어린 시절 부모나 가족으로부터 물려받은 감정의 결과다. 사람의 감정은 자신도 모르게 자신에게 영향을 주고, 마음가짐을 결정하고 몸과 정신 건강에 영향을 주며, 우리의 발전과 앞길을 가로막는다. 이는 잠재의식이 인간에 영향을 미친 결과다. 잠재의식에는 우리의 생각, 경험, 정서들이 들어 있고 이는 우리의 운명과 삶에 지대한 영향을 주며, 우리의 성공에 중요한 작용을 한다.

골동품 장사를 하는 친구가 나를 찾아왔다. 그는 너무 힘들다고 털어놓았다. 올해 쉰이 훌쩍 넘은 그는 튼튼한 사업체를 운영하고 있고 자신의 경험과 가업을 하나밖에 없는 아들에게 물려주고 싶어서 아들 이름으로 한 회사에 투자를 했다. 하지만 회사가 개업한 후 2년 만에 적자가 발생해 더 이상 버티기 어려웠고 많은 손해를 봤다. 2년 만에 그가 일궈온 가업이 모두 수포로 돌아가게 되었다.

그는 자기 아들이 효심이 깊고 책임감이 강하며 노력파이지만 소심하다는 것을 잘 알고 있었다. 아이를 사랑지만 아이의 모습에 체념할 수밖에 없었다. 그도 몸이 별로 좋지 않았다. 아들은 잦은 실수를 반복했고 그런 모습은 그를 힘들게 했다. 나는 그의 이야기를 통해서 그의 아들이 같은 실수를 계속 반복한다는 것을 발견했다. 이는 감정이 반복적으로 나타나는 것으로 잠재의식에서 출발한다. 분명 어린 시절에 어떤 일을 겪은 후 이런 감정의 '씨앗'이 잠재의식에 뿌리를 내린 것이다. 아들의 지금 모습은 그 씨앗이 열매를 맺은 결과였다. 그래서 나는 말했다. "걱정하지 말고 한 번 나를 찾아오라고 해 보게." 그날 오후 아들은 나를 찾아왔다. 그와의 대화를 통해 어린 시절을 이야기해보라고 했다.

"일곱 살이 되는 해, 아버지는 도자기를 하나 사오셨고 너무 애지중지 하셨습니다. 집에 손님이 오면 그 도자기를 거실 테이블에 올려두었죠. 제가 놀다가 도자기를 깰 뻔 했는데 아버지가 보자마자 노발대발 화를 내셨습니다. 아버지는 이렇게 말씀하셨습니다. '한 번 만 더 뛰어서 도자기를 깨버리면 정말 죽을 줄 알아.'"

아버지가 걱정해서 한 말이 오히려 아이에게 심리 암시를 준 것이다. 아들은 뛰다가 결국 부딪쳐 도자기는 깨져 버렸다. 아버지는 너무 화가 났고 손님이 계신데도 불구하고 그를 때렸다. 그는 아들을 때리며 소리쳤다. "내가 힘들게 돈을 벌어오는데 내 말도 듣지 않고 정말 못된 아이구나."

아들은 이 기억을 떠올릴 때 감정적으로 격해졌다. 나는 그에게 그 당시 어떤 감정이었는지 물었다. "정말 힘들었어요. 견딜 수 없었어요." 그리고 나는 당시 아버지가 그를 때렸을 때 그가 하고 싶었지만 하지 못한 말을 하라고 했다. "때리지 마세요. 때리지 마세요." 수십 번 반복한 후 아들은 점점 평정을 되찾았다. 아들은 아버지가 자신이 도자기병을 깨뜨려 화가 머리끝까지 난 모습을 보고 아버지의 화난 목소리를 들었고, 아버지가 때려서 몸도 아팠다. 눈, 귀, 몸의 느낌을 통해 아이는 '돈을 벌어야 하는 공포'와 '나는 못된 놈'이라는 기억을 하게 된 것이다.

그래서 그가 커서 사업을 하고 돈을 벌어야 한다는 생각을 할 때마다 잠재의식의 영향을 받았다. 그의 의식과 잠재의식은 하나로 일치하지 않고 분열되었고 일곱 살 때 느낀 감정들이 다시 살아나 '돈을 벌기 어렵다.'는 생각과 '나는 집안을 망칠 수 있는 사람'이라는 감정이 생겨 결국 그에게 영향을 주었다.

나는 친구와 이 일에 대해 이야기를 나누었다. 친구는 깜짝 놀랐다. 그는 그 당시 자기가 너무 화가 나서 내뱉은 말이 아들에게 이렇게 큰 영향을 줄 것이라고 생각을 못했다. 부자는 서로를 바라보며 마음의 응어리를 풀었다.

아이가 책임감이 부족하고 노력을 하지 않는 이유는 생각의 문제일 수도 있다. 생각의 문제는 두 가지 부분에서 해결할 수 있다. 하나는 올바른 생각을 갖도록 이끌어주는 것이며, 다른 하나는 이런 행동을 만든 '씨앗'을 찾아내는 것이다.

똑같은 자아도 다른 미래를 만들 수 있다. 한 사람의 세포 기억은 외적인 환경 조건이 충족되면 다시 다나타게 된다. 그리고 고통, 괴로움이 다시 시작되고 스스로 헤어나오기 어렵다. 부모의 생각은 아이의 생각에 직접적인 영향을 준다. 아이의 생각과 가치관은 그의 운명이 된다. 그래서 아이를 바꾸고 싶다면 먼저 부모 자신의 생각부터 바꾸고, 부모가 삶의 경험에서 가지고 있는 세포 기억, 즉 잠재의식을 먼저 바꾸는 것이 가장 중요하다.

4

수용하고
직면하라

아이는 충분한 에너지를 가지고 올바르게 성장해야 한다. 한 사람의 에너지는 가족에게서 물려받은 것과 가족에 대한 책임에서 온다. 고금을 막론하고 성공한 사람들은 대가족에서 탄생하고, 그들의 가족 관계는 매우 화목하다.

다년간의 경험을 통해 나는 가족의 에너지가 한 사람의 성장에 지대한 영향을 미친다는 사실을 알았다. 부모에게 잘 못하는 사람, 화내는 사람은 인생도 험난하다. 사람은 부모를 원망할 때 자신과 부모와의 연결고리를 끊어버리고, 가족에 대한 책임감도 버린다. 그런 상황에서 무슨 발전을 한다는 말인가?

많은 젊은이들이 예상치 못한 문제가 생기면 모두 부모에게 떠넘긴다. 남이 승진하거나, 집을 사거나 차를 살 때 그들은 자기 자신에게서 부족한 점을 찾는 것이 아니라, 부모가 좋은 환경을 물려주지 않았다고 원망하고 심지어 부모가 '무능' 하다며 계속 반항한다. 내 동료의 형은 집을 살 때 부모님이 지원을 해주지 않자 부모님을 무시하고 집을 산 날부터 부모님께 찾아간 적이 없다. 이게 도대체 무슨 심보인가! 그는 가족 책임을 계승하지 않았다.

아이의 무책임한 모습도 부모가 만든 것이다. 그렇지 않은가? 많은 부모가 아이가 조금이라도 즐거워하지 않는 모습을 보이면 견디지 못한다. 아이의 요구가 지나치다는 것을 알면서도 무조건 맞춰 주려 한다. 부모는 '아이가 기쁘다면 내가 아무리 힘들어도 괜찮다.' 라고 생각한다. 하지만 이런 생각과 행동은 우리의 아이들을 소중한 것을 깨닫지 못하는 사람으로 만든다. 왜냐하면 우리가 아이에게 책임을 지는 법과 이 세상에 쉽게 얻어지는 것은 없다는 사실을 깨달을 기회를 주지 않았기 때문이다.

예를 들어, 아이가 명품 브랜드 옷을 사고 싶어 하면 엄마는 가격이 너무 비싸다고 생각해 이렇게 말할 수 있다. "네가 이 옷을 너무 마음에 들어 하는 것은 잘 알아. 하지만 너무 비싸구나. 방금 다른 곳에서 본 옷이 품질도 좋고 가격도 괜찮은 것 같은데. 네가 이 비싼 옷을 사고 싶다면 엄마가 반을 보태줄 테니, 나머지 반은 네 용돈에서 매월 차감할게. 하지만 다른 옷은 지금 사줄 수 있어."

아이는 어렵지만 마음의 결정을 해야 한다. 몇 개월 동안 용돈 없이 살 것인가를 고민해야 한다. 하지만 엄마가 이렇게 제안함으로써 아이는 무엇이든 쉽게 얻어지는 것이 없다는 것을 배운다. 이것이야

말로 아이에게는 그 무엇보다도 훌륭한 교육이다.

아이 앞에서 자신이 못하는 게 없는 '슈퍼맨' 부모일 필요는 없다. 아이에게 아무리 어려운 문제가 생겨도 누군가가 대신 해결해줄 것이라고 가르쳐서는 안 된다. 그런 생각들이 그를 더욱 망치고 이는 절대 앞길에 도움이 되지 않는다. 부모는 아이가 현재의 상황을 직시하고 받아들이고 고통을 감수하는 법, 자신의 행동에 책임을 지는 법을 가르쳐야만 아이가 강인한 내면을 키울 수 있다.

부모의 책임은 아이에게 명예와 지위를 주는 것도 아니고 물질적인 풍요를 주는 것이 아니라 아이가 자신의 책임과 의무를 받아들이고, 고통과 좌절을 감내하며 성장하는 기회를 주는 것이다. 아이가 가족 정신을 발전시키는 책임을 이어갈 때 자신감을 가지고 성공의 길로 나갈 수 있다.

사회 규칙을 지키는 것부터 시작하자

어느 사회든 규칙과 규율이 있다. 이러한 구속이 있기에 삶이 더 아름다운 것이다. 당신은 아이를 사랑한다. 하지만 맹목적인 사랑이 아이에게 좋은 것처럼 보일 지도 모르지만, 실제로는 아이에게 피해를 줄 수 있다. 이런 아이는 사회인이 되었을 때 쉽게 낙심하고 적응을 잘 못할 수도 있다. 왜냐하면 아무도 부모님처럼 무조건적으로 그들에게 맞춰주지는 않기 때문이다. 누군가가 수많은 사람들의 비난을 받는 이유는 부모가 그에게 책임을 지는 법을 가르치지 않고 규칙을 준수하는 법을 가르쳐주지 않았기 때문이다.

책임은 모든 사람이 반드시 갖추어야 할 중요함 품격이며, 내적인 힘을 발휘시키는 소중한 원천이다. 부모는 자기의 아이가 밝고 아름다운 미래를 맞이하길 원한다. 그러기 위해서 부모는 아이의 책임감을 길러주는 것에 특히 신경 쓰고, 아이가 어릴 때부터 규칙을 준수하고, 스스로를 통제할 수 있는 법을 가르쳐주어야 한다. 그러나 많은 부모들이 아이가 스스로 하고 싶어 하는 마음을 꺾어버리고, '아이를 너무 사랑하는' 마음으로 아이를 위해 해결사를 자청해 결국 아이는 책임감을 잃어버린다. 그렇게 되면 아이는 살면서 수많은 실망과 좌절을 겪을 때 더 큰 어려움을 맞이할 수 있다.

삶은 위대한 스승이다. 삶을 통해 단련되면 진정한 성장을 하고 삶의 강자가 된다. 부모는 스스로를 잘 컨트롤하고 아이의 보호 우산이 되려고 자청하지 말아야 한다. 각종 규칙을 준수하면서 아이의 책임감을 길러주는 것이 아이에 대한 진짜 책임이다.

건너편 이웃집 아이는 굉장히 말썽꾸러기다. 아랫집 이웃들이 몇 번이나 불만을 표시했지만 소용이 없었다. 밤 9시가 넘는데도 그 아이는 집에서 농구를 했다. 너무 시끄러워서 아랫집 이웃은 쉴 수가 없었고 올라와서 그를 찾았다. 그런데 아이의 아빠가 오히려 이웃집 사람이 너무 예민하다며 불만을 토로했다. "저는 아이의 손발을 묶어놓을 수가 없어요. 참기 힘드시면 우리 윗집으로 이사 오시는 방법밖에는 없네요." 아이의 아빠 태도로 아래층 이웃은 너무 화가 났고 큰 싸움이 벌어졌다. 나는 아랫집 이웃을 돌려보낸 후 그 아버지에게 말했다. "이렇게 밤늦은 시간에 아이가 뛰는데도 왜 내버려두나요?" 그는 이해할 수 없다는 표정으로 나에게 물었다. "내 아이에게 자유를 주고 싶은데 왜 안 되나요? 구속하면 아이의 자유는 사라질 수 있잖아요."

정말 말도 안 되는 오해다. 아이에게 자유를 주는 것과 마음대로 하게 내버려두는 것은 별개의 문제다. 아이는 처음에는 규칙과 규율을 잘 모르지만 서서히 규칙과 규율을 지키면서 결국 자율적으로 행동한다. 부모가 아이를 구속하는 것과 아이가 규칙을 지키는 것을 이해하지 못하면 아이는 자기 마음대로 행동하는 사람이 되고 결국 스스로를 통제하지 못한다.

부모는 아이를 너무 사랑한 나머지 아이 대신 문제를 해결하려는 충동을 이겨 내야 한다. 부모는 아이가 경험을 통해 각종 규칙을 이해하고 준수하는 법을 배우게 해야 한다. 예를 들어 식사 예절, 교통 규칙, 학교 규칙, 집안 규칙, 타인과 교류할 때 규칙과 공공장소에서 지켜야 할 규칙 등 가르쳐야 할 것들이 많다. 아이가 규칙을 위반할 때는 아이에게 충분히 설명하여 그가 스스로 깨닫게 해야 한다. '왜 다른 사람은 나와 놀고 싶어 하지 않을까? 그건 내가 너무 내 마음대로 해서 그런 거야.', '왜 다른 이웃은 나를 싫어할까? 내가 너무 시끄럽고 말썽을 부려서 그래.', '왜 나는 친구가 없을까? 내가 다른 사람과 나눌 줄 몰라서 그렇다.' 하는 생각을 통해 아이는 일상의 규칙을 명확히 인지해야 한다. 그러면 공부하고 생활하는 가운데 하고 싶은 일이 생겼을 때 먼저 규칙을 이해하고 스스로 어떻게 해야 하는 지 깨달을 수 있다.

아이에게는 '자유의 전제는 다른 사람에게 피해를 주지 않는 것이다.', '존중은 상호간 이루어진다. 다른 사람이 자신을 존중할 때 다른 사람을 존중하는 법을 배워야 한다.', '다른 사람의 감정을 이해해야 한다.'는 사실을 알려주어야 한다. 아이는 그 과정에서 중요한 이치를 깨달을 수 있다. 다른 사람의 감정을 이해하고, 자신을 통제하고, 규칙을 준수하고, 평등하게 남을 대하는 법을 깨달으면 그는 누구나 좋아하는 사람이 된다.

가정은 아이의 책임감을 키워주는 첫 번째 교실이다. 부모는 아이의 책임감을 길러주는 가장 좋은 스승이다. 우리가 사소한 일부터 아이에게 책임 의식을 심어줄 때 아이를 키우면서 만날 수 있는 여러 문제들도 자연스럽게 해결 되고, 아이는 생활 속 경험을 통해 책임감 있고 자율적인 사람으로 성장한다.

아이의 순수하고 예민한 감정 세계에는
진실하고 깨끗한 마음이 있다.
아이들은 어른의 이해와 지지를 원한다.

마음가짐
07

마음을 살찌우기

건강한 마음을 길러주자

- 병은 마음의 신호다
- 아이를 키우는 것은 감정을 관리하는 것이다
- 설교보다는 사랑으로 보듬어라
- 아이의 내면의 세계로 들어가라
- 아이의 아름다운 마음을 지켜라

병은 마음의 신호다

의학 연구에 따르면, 사람의 마음이 오랫동안 부정적인 상태나 강한 정신적 충격 상태에 처한 경우, 중추 신경 계통이 통제를 받고 면역력이 떨어지며, 각종 질병을 유발한다고 한다.

우리는 누군가 자신이 암에 걸렸다는 사실을 알게 된 후부터 건강이 급속도로 악화되는 경우를 많이 보아왔다. 심리적인 압박과 죽음에 대한 공포가 자신의 건강을 더욱 악화시키기 때문이다. 특히 식욕 부진, 수면 불안 등의 증세를 가져오고, 몸은 이상 신호를 보내기 시작한다. 사람의 내적인 마음의 변화가 외적으로 건강에 영향을 준다는 것을 알 수 있다.

신체 질병은 마음이 보내는 언어다. 질병이 나타나는 부위는 사람의 마음 세계와 관련이 있다. 병이 나타나는 부위를 보면 그 사람이 어떤 스트레스를 받는지 알 수 있다. 두통이 자주 오는 사람은 수많은 일들이 그를 괴롭히고 있다. 그 일만 생각하며 스트레스를 받다보니 두통이 발생한다. 두통은 막중한 업무 스트레스나 골치 아픈 일들이 한꺼번에 찾아와서 계속 그 일만 생각하기 때문에 발생한다. 머리가 벽이나 단단한 물체에 부딪쳐서 느끼는 고통은 육체적 고통에 속한다.

아이는 독립된 인격과 자신만의 재능을 가지고 있다. 아이는 매우 슬기롭고 섬세하기 때문에 부모의 감정적 변화를 예민하게 관찰하고 느낀다. 그래서 가정에 부정적인 에너지가 발생할 때 아이들은 곧바로 영향을 받는다. 부정적인 에너지는 질병을 불러올 수도 있다. 실질적으로 이런 사례들이 굉장히 많은데 가정 폭력으로 우울증에 걸린 아이가 좋은 예다.

유전과 관련이 있는 병을 제외하고 대부분 질병은 부모가 아이를 대하는 방식에서 원인을 찾을 수 있다. 그래서 부모는 아이의 감정을 소홀히 하지 말고 아이 앞에서는 아무렇지도 않은 것처럼 하면서 몰래 싸우거나 해서는 안 된다. 왜냐하면 아이는 결국 다 알고 있다.

아이는 집안 분위기를 통해 부모를 관찰하고, 그에 따른 감정적 반응을 한다. 아이들은 자신의 방식으로 부모가 바뀌어야 하는 부분들을 파악한다. 만일 부모가 문제의 심각성을 제때 인지하지 못하면, 아이 마음속에 초조, 불안, 분노 등의 감정이 자리 잡고 이것이 아이의 몸에서 반응해 아이들은 여러 증상이 발생한다. 만일 부부관계가 좋지 않으면 아이 주변에 부정적인 에너지가 충만해 아이의 몸에서 여러 가지 문제들이 끝없이 발생한다. 균형의 관점에서 아이가 어디가 아픈 신호를 보냄으로써 부모의 생각과 행동을 바로잡아 간다.

부모는 아이의 마음을 이해하고 해석해야 한다. 아이의 병은 곧 아이의 마음의 소리라는 점을 알아야 한다. 아이는 아픈 증상을 보이며 우리가 어떻게 해야 하는지를 알려준다. 우리가 아이의 신체 언어를 이해한 후 아이의 감정을 해소시키면 가정에 더 많은 긍정의 에너지를 불어넣어 아이를 더욱 건강하게 만들 수 있다.

혈연관계로 이루어진 모든 가족 구성원은 가족 간의 정신적 암호를 가지고 있다. 아이와 부모의 마음은 긴밀하게 연결되어 있다. 부모는 아이에게 이상 정황이 나타난 것을 발견한 후 자신이 잘못한 것이 없는지 살펴보고 잘못된 부분은 바로 잡고 좋은 부분을 아이와 연결시켜야 한다. 이렇게 하면 아이 마음을 풀어줄 수 있고 아이는 더욱 건강해진다.

우리가 사람과 사람간의 연결 과정과 규칙을 이해할 때 우리는 아이와의 많은 문제들도 원만히 해결할 수 있다.

아이를 키우는 것은 감정을 관리하는 것이다

부모는 아이의 성장 과정에서 가장 가까운 동반자이며, 아이와 아침부터 밤까지 하루 종일 같이 지내면서 가장 많은 시간을 함께 보내는 사람이다. 연구에 따르면 부모가 집에 있을 때 하는 행동이나 드러내는 감정은 아이의 심신 건강에 직접적인 영향을 준다고 한다. 부모는 아이가 처음으로 따라하는 모방 대상이다. 아이는 부모의 행동을 자신의 행동 기준으로 삼는다.

세상에 자식을 사랑하지 않는 부모는 없다. 하지만 왜 아이들에게서 문제들이 발생하는 것일까? 아이가 부모의 감정에 영향을 받기 때문이다. 가정은 아이가 이 세상에 나와 공부하고 자라나는 첫 번째 장소이며, 아이의 개성, 자질이 형성되는 가장 중요한 장소이다. 특히 임신 기간 중 엄마의 감정, 나쁜 생각은 아이에게 직접적인 영향을 준다.

모든 사람이 성장하고 교육을 받고 사회화되는 과정에서 공포, 실망, 원망, 괴로움, 두려움, 자책, 분노 등의 다양한 감정들을 겪게 된다. 하지만 이런 감정들이 제때 해소되지 않으면 세포 기억으로 잠재의식 '프로세스'를 형성하게 된다. 이 '프로세스'는 컴퓨터 바이러스처럼 조건이 충족되면 자동으로 실행된다. 이런 이유로 예전에 겪었던 감정을 유발하는 비슷한 상황에 직면하게 되면 잠재의식의 '프로세스'가 자동 실행되면서, 신체적으로 반응을 하게 되고, 괴로움, 고통 등의 마음속 상처가 다시 깨어난다. 아무리 내가 행복하고 아름다운 삶을 추구하더라도 스스로 잠재의식의 '프로세스'를 통제하지 못하면 자신의 상황을 바꾸기가 쉽지 않다.

감정은 잠재의식 '프로세스'의 중요한 부분이다. 인생을 바꾸고 싶고, 꿈을 실현하고 싶다면 과학적으로 효과가 증명된 기술이나 방법을 사용해 과거의 경험 때문에 생긴 현재의 감정을 효과적으로 해소해야 하고, 잠재의식의 '프로세스'를 변화시켜 삶의 가치를 높여야 한다.

'부모 되기' 수업에서 한 학생의 질문이 있었다. 열 살 된 아이가 어두운 것을 너무 무서워해서 밤에도 화장실도 못가고 혼자서도 잠을 못 잔다는 것이었다. 질문한 학생은 어린 시절 굉장히 귀엽고 착한 아이였고 부모 말씀도 잘 들었다. 엄마는 선생님이라 어릴 때부터 학교에서 아이를 지켜봤다. 아이와 다른 아이가 싸우면 잘잘못을 가리기 보다는 자신의 아이를 교실 밖으로 내보내 벌을 주었다.

한 번은 같은 반 친구가 아이에게 거짓말을 하고 연필을 가져갔다. 아이는 연필을 되찾기위해 따라갔는데 때마침 엄마가 교실로 들어왔고 이 상황을 보게 되었다. 엄마는 앞뒤 상황을 알아보지도 않고 혼을 내며 아이를 교실 밖으로 쫓아냈다. 아이는 복도에 혼자 서 있었다. 그날은 복도에 아무도 없었고, 날은 점점 어두워졌다. 곧 천둥 번개가 칠 것 같았다. 아이는 두 손으로 머리를 감싸고 공포에 떨었다.

나는 그녀에게 당시 어떤 감정이었는지 물었다. 그녀는 대답했다. "너무 무섭고 두려웠어요." 나는 그녀에게 그 말을 몇 번이고 반복하게 했다. 그 당시의 감정이 북받쳐 나오기 시작했다. 그녀는 두 손으로 머리를 감쌌다. 두려움으로 만들어진 세포 기억 때문에 나타난 반응이었다.

감정이 해소된 후 그녀는 알았다. 당시의 기억 때문에 어두운 곳에 있거나 천둥소리를 듣게 되면 초조하고 긴장했던 마음이 그녀의 아이에게도 고스란히 전달되었다는 것을 말이다. 그녀는 아이가 잘못을 할 때 아이를 베란다 밖으로 몰아놓고 문을 잠갔다. 자신이 벌을 받았던 것과 같은 방법으로 아이를 벌준 것이다. 아이가 베란다 밖으로 쫓겨났을 때 날은 어두워졌다. 아이는 울면서 잘못했다고 소리를 질렀다.

그녀는 이제서야 아이의 고통을 느꼈고, 수업이 끝난 후 집으로 돌아가 아이와 이야기를 나누었다. 그리고 수업 시간에 배운 방식으로 아이의 마음의 응어리를 풀어주었다.

외적인 증상은 내면에서 시작된다. 아이가 보이는 각종 '증상'은 마음으로 인한 것이다. 아이의 성장 과정에서 부모의 나쁜 감정이 아이의 건강에 심각한 영향을 주고, 아이 마음에 '장애물'을 만들어 결국 아이에게서 각종 '질병'이 나타난다.

아이는 부모의 그림자다. 아이의 인생과 가치관은 부모로부터 영향을 받는다. 아이가 밝고 긍정적인 마음을 갖길 바란다면 우리는 스스로의 감정을 통제할 줄 알아야 한다. 부모가 올바른 방식으로 긍정적인 감정을 전달해야만 아이에게 긍정적인 에너지를 줄 수 있고 그래야 격려와 사랑을 느낀다.

현대 사회는 경쟁이 날로 치열해지고 있어 많은 부모들이 심적인 스트레스에 시달린다. 부모가 밖에서 받는 스트레스와 감정의 지배를 받으면 사랑스럽고 빛나는 아이가 눈에 들어오지 않고 오히려 별일 아닌 일에도 아이의 잘못을 확대 해석한다. 출근해야 하는데 아이가 비몽사몽 일어나지 못하는 모습을 볼 때, 피곤한 몸을 이끌고 집으로 돌아왔는데 아이가 집안을 어지럽히는 것을 볼 때, 아이가 해달라는 것을 다 해주었는데 공부를 못할 때 부모는 갑자기 욱한다. 화가 머리끝까지 나서 아이에게 화를 내고 혼을 낸다. 하지만 이렇게 화를 낸다고 문제가 해결되는가? 아이는 부모가 하기 나름이다. 부모의 나쁜 감정으로 아이는 스스로 폐쇄적으로 변하고 주의력 결핍 등의 각종 이상 증상이 생길 수 있다. 과연 우리가 바라는 것이 이것일까?

자녀 교육은 감정을 관리하는 것이다. 우리는 성인의 잣대를 가지고 아이에게 요구할 수 없다. 아이는 아직 어리고, 자율적으로 행동하기 어렵고, 어른을 이해할 수 있는 능력이 부족하다. 그래서 아이들의 행동이 우리 눈에는 성에 안 찰 수 있고 기대에 부응하지 못할 수도 있다. 아이가 철이 들길 바란다면 자신의 화를 통제할 줄 알아야 한다. 감정을 관리하고 인내심을 갖고 아이의 능력을 키워나가야 한다.

베토벤은 이런 말을 했다. "미덕과 선행을 아이에게 주어라. 아이에게 행복을 줄 수 있는 것은 돈이 아니라 바로 미덕과 선행이다." 스트레스와 고민을 밖으로 밀쳐내고 즐거움과 미소로 아이를 대하자. 그리고 나의 부정적인 감정을 통제하고 긍정적인 감정을 아이에게 전달하자. 기억하라. 아이는 나쁜 감정을 푸는 대상이 아니다.

3

설교보다는 사랑으로 보듬어라

조사에 따르면 대다수 부모들은 자녀를 교육할 때 '설교'를 많이 하며, 비언어적 의사소통을 중시하지 않는다고 한다. 아이가 우리에게 어떤 일을 말할 때 우리 대부분은 하고 있는 일을 멈추지 않은 채 아이의 말을 들으며, 아이와 눈도 맞추지 않고 심지어 짜증내며 말한다. "지금 바쁜 거 안 보이니? 이따 다시 이야기 해. 짜증나!" 아이가 울면 우리는 아이가 나약하고 생각하며 또 다그친다. "울긴 왜 울어, 이렇게 약해 빠져서야."라고 말한다. 언제부터인가 부모와 아이와의 소통에서 그냥 의미 없는 설교만 남은 것은 아닐까?

언어학자 앨버트 메라비언Albert Mehrabian의 연구에 의하면 사람과 사람간의 소통의 93%는 비언어로 진행되며 언어가 차지하는 비율은 7% 정도다. 비언어 소통에서 55%는 얼굴 표정, 자세, 손짓이며

38%가 음성의 높고 낮음이다. 일방적인 설교는 좋은 소통이 아니다. 아이의 건강한 성장에는 사랑과 지지가 필요하다.

아이들은 독립적으로 생활할 능력이 부족하기 때문에 부모에게 의존하고, 부모의 돌봄과 사랑을 원한다. 만일 부모가 아이의 마음이 필요로 하는 것과 감정에 관심을 주지 않고 일방적으로 설교를 하면 아이의 마음에 스트레스를 주고 아이의 여린 마음에 나쁜 감정 씨앗이 자라 아이의 인격 형성과 건강한 발전에 영향을 준다.

사람이 과거의 경험, 특히 유년 시절의 받은 마음의 상처는 그의 삶과 일에 큰 영향을 준다. 부모는 아이를 충분히 안아주고 사랑을 주어야만 아이와 친밀한 관계를 유지할 수 있고 아이의 내면의 힘을 강화할 수 있다.

유년 시절의 아이들은 부모의 포용과 사랑이 필요하다. 그들은 부모가 적극적으로 자신과 소통하길 바라고, 자신에게 관심을 갖고 이해해주길 바란다. 그러나 지금 많은 부모들은 여러 가지 이유로 아이의 마음을 외면하고, 자신도 모르게 아이에게 상처를 준다. 단순히 학대와 체벌만이 상처를 주는 것이 아니다. 부모가 상황을 제대로 알지 못한 채 막무가내로 설교를 하고, 아이의 생각을 무시하는 것이야 말로 아이의 마음속에 학대나 체벌보다 더 큰 상처로 남는 것이다. 아이가 만일 유년 시절에 부모의 사랑을 느끼지 못하면, 훗날 많은 것을 이루고, 능력을 갖고, 높은 위치에 올라도 자신을 진짜 사랑하지 못한다. 한 겹 한 겹 다시 씌우면서 겉으로 더욱더 예쁘고 강해지는 러시아 인형처럼 아이 내면 깊은 곳에는 여리고 소심한 자아만 있을 뿐이다.

아이가 자신의 감정을 드러내고 발산시키는 것은 매우 중요하다. 아이가 정서적으로 불안할 때 잔소리나 훈계는 아이의 마음에 상처를 가중시킬 뿐이다. 아이에게 제때 충분한 사랑을 줄 수 있다면 아이의 감정을 해소할 수 있다. 하지만, 얼마나 많은 부모들이 이 상황을 잘 이해할까?

기말고사 성적을 발표하는 날, 한 엄마가 아이를 다그쳤다. "도대체 시험을 어떻게 친 거니? 이 문제는 선생님이 수업시간에 말씀하셨고, 나도 몇 번이나 알려주었는데, 왜 또 틀려? 정말 바보 아니야?" 엄마의 훈계를 들으며 아이는 계속 눈물을 닦고 말했다. "엄마 잘못했어요. 제가 틀렸어요."
아이의 가여운 모습을 보고 마음이 너무 아파서 그 엄마에게 다가가 말했다. "아이도 시험을 잘 치고 싶었을 거예요. 그리고 시험을 잘 못 봤다는 사실만으로도 아이는 이미 충분히 괴롭습니다. 만일 당신이 아이를 잘 보듬어 준다면 다음엔 시험을 잘 볼 거예요."

폭력에 가까운 비난과 잔소리는 부모에 대한 아이의 믿음을 깨고, 아이에게 깊은 상처를 줄 수 있다. 스킨십과 사랑은 무언의 힘을 갖고 있어 아이에게 '안전 기지'를 마련해 주어 아이는 좌절을 했을 때도 다시 일어설 수 있고, 스트레스를 이겨내 육체적으로 정신적으로 편안해질 수 있다.

우리가 눈빛, 목소리, 동작으로 아이와 올바르게 소통한다면 잔소리 보다 교육적인 효과가 더 클 것이다. 아이를 토닥토닥 다독여주고, 아이에게 격려의 눈빛을 보낸다면 아이에게 믿음을 줄 수 있다.

아이의 내면의 세계로 들어가라

많은 부모들이 아이와 대화를 할 때나 아이를 교육시킬 때 자주 "네가 잘못했잖아."라고 말한다. 특히 선생님과 면담 후 부모들이 집으로 돌아와 화를 내며 말한다. "정말 이럴 거니, 짜증나 못 살겠어!", "놀기만 좋아하고 게을러서 어떻게 할 거야!" 우리는 아이가 부모의 말을 듣고 스스로 깨닫기를 바랐을 것이다. 그리고 아이를 격려하고 싶었을 것이다. 하지만 우리의 방식은 오히려 잘못된 시그널을 보내고 있다. 아이는 우리가 다른 사람의 행동에 무조건 불만을 갖고 있다고 오해할 뿐 어떻게 해야 발전할 수 있는지 알지 못한다. 아이에게 공부하라고 말은 하지만 정작 그에게 어떻게 공부하면 좋은지 알려주지 않는다. 당신의 행동을 보면서 아이는 '나는 공부를 못해서 놀기만 좋아하는 나쁜 아이구나.'라는 생각만 할 뿐이다.

이런 상황은 아이에게 두 가지 다른 가치 표준을 정립해준다. 아이는 공부만 잘하고 부모님이 시킨 일만 잘하면 좋은 아이라는 인식을 갖게 될 뿐, 자신의 인성을 좋게 만들거나 또는 나쁘게 만드는 요인이 무엇인지 생각할 겨를이 없다. 심지어 책임감이 결여된 어른으로 자라는 아이도 있다.

부모가 아이를 대하는 방식은 그가 주변을 대하는 모습에 영향을 준다. 예를 들어, 아이들끼리도 말다툼을 하고 갈등이 있을 수 있다. 아이들은 결정을 할 수 없을 때 부모에게 해결을 요청한다. 부모는 인내심이 부족해 나이가 많은 아이한테 어린아이에게 양보하라고 한다. 만일 나이가 많은 아이가 어린아이에게 양보를 하지 않으면 부모는 화를 내며 혼을 낸다.

하지만 부모들은 자신의 행동이 아이에게 "나중에 이런 일이 생기면 화를 내 해결할 수 있다."는 정보를 준다는 것을 잘 모른다. 아이는 나중에 비슷한 상황에서 문제를 해결하기 보다는 제 3자를 통해 해결하려고 할 것이고, 결국 분노로 모든 것을 해결하려고 들 것이다. 정말 무서운 결과다.

많은 부모들이 아이의 잘못을 발견하면 잘잘못을 가리기보다 무조건 혼부터 내는데 이는 아이 마음의 건강한 발전에 도움이 되지 않는다. 심지어 아이는 극단적으로 변해 부모를 원망하는 마음을 갖게 된다. 실제로 그런 사례가 많다.

황징은 열여섯 살 여자 아이다. 그녀는 아무도 모르게 조용히 집을 나갔다. 사람들이 실종 원인을 찾을 때 아이의 아버지는 자초지종을 설명했다. 황징의 부모는 아이가 좋은 고등학교에 입학하게 하기 위해 매우 엄격히 관리했다. 그래서 딸과 갈등이 생기거나 문제가 발생해도 딸의 목소리에 귀 기울이지 않았다.
부모는 아이가 좋은 고등학교에 입학하면 가문의 영광이 될 것이라고만 생각했지 아이의 감정을 헤아리지 않았다. 딸이 집을 나간 후 그들은 그제야 자신의 잘못을 깨달았다. 아버지는 정말 후회하고 있다는 표정으로 매스컴 앞에서 호소했다.
"얘야, 제발 집으로 돌아와라. 아빠가 이제 아무 말도 안 할게. 이 방송을 보면 전화를 해서 잘 있다고 말해주렴. 네가 집을 나간 후 엄마는 쓰러졌어. 지금 우리 집은 매일 매일이 지옥 같아. 제발 돌아와 다오."

아이의 마음에 관심을 갖고 헤아려주는 것은 물질적으로 풍요롭게 해주는 것보다 훨씬 중요하다. 잘못을 저지른 아이는 두렵고 비참한 기분과 함께 방향을 상실하고, 고통 받는다. 부모가 관심을 보이지 않고 들어주지 않으면 부모와 아이 사이에는 결국 마음의 벽이 생기고 거리가 생기기 시작한다. 아이는 부모가 자신의 말을 들어주길 바라지만 어쩔 수 없이 입을 꼭 다물어버린다. 결국 가정에는 먹구름이 계속 드리워지고, 비극이 연출된다. 이 모든 일들에 대해 부모가 반성하지 않을 수 있을까?

부모가 아이를 대하는 방식은 아이 마음의 성장에 영향을 준다. 부모는 '자신의 말과 행동이 아이의 잠재의식 속에서 언제든 감정의 씨앗을 뿌릴 수 있다.'는 사실을 알아야 한다. 시간이 흘러 이 씨앗이 싹을 틔우고 자라나면 아이의 내면의 에너지를 소진하여 아이가 과격한 행동을 하게 된다.

아이의 순수하고 예민한 감정 세계에는 진실하고 깨끗한 마음이 있다. 아이들은 어른의 이해와 지지를 원한다. 마음을 주고받는 법을 배우고, 이해를 바탕으로 아이의 내면의 목소리에 귀를 기울이면 아이는 긴장, 공포 대신 부모의 깊은 사랑만을 느낀다. 그러면 아이는 즐겁고 편안하게 부모에게 마음을 열고 부모와 갈등하는 대신 진실한 소통을 하며 부모와 함께 깊이 교감한다. 그리고 부모는 아이의 내면세계를 이해할 수 있고 아이의 훌륭한 스승으로서 아이를 좀 더 올바르게 인도하고 가르쳐 아이가 훌륭한 품성과 습관을 형성하도록 도와 어린 시절부터 고귀한 품성을 만들어 줄 수 있다.

5

아이의 아름다운 마음을 지켜라

아이는 천사와도 같다. 아이의 아름다운 마음은 투명한 수정처럼 조그만 흠도 없다. 어느 순간 우리의 아이가 더 많은 지식을 익히고 습득하기만을 바라게 될 때 스스로에게 먼저 물어라. "혹시 나는 아이의 아름답고 깨끗한 마음을 잊은 것은 아닐까?"

아이의 마음은 깨끗하지만 여리기 때문에 부모가 진심을 다해 살펴주어야 한다. 하지만 아이가 너무 어리고 세상 물정을 잘 모른다는 이유로 무조건 아이 편만 드는 부모도 있다. 아이는 전신난민히고 순수하다. 아이들은 부모의 말에 조금도 의심을 하지 않는다. 부모가 약속을 지키지 않으면 아이는 실망을 하고 부모에 대한 신뢰를 잃고 거짓말을 하는 법을 배운다.

그렇지 않은가? 실제로 많은 부모들이 아이가 울며 떼를 쓰는 속

수무책의 상황에서 공포를 조장하는 방법으로 아이를 달랜다. 예를 들어 "울지 마, 눈물 뚝! 자꾸 울면 괴물이 온다.", "말 안 들으면 무서운 늑대가 잡으러 온다!" 이렇게 말하면 어린 아이는 너무 놀라 울음을 그친다. 부모는 이 방법이 어떤 결과를 초래할지를 생각하지 않는다. '무서운 괴물'이나 '무서운 늑대' 같은 어른도 무서워하는 대상을 아이에게 각인 시키면 아이가 탐색하고자하는 용기를 억누른다.

"얌전히 있으면 자동차 장난감을 사줄게." 부모들이 아이를 달랠 때 많이 하는 말이다. 사실, 아이는 장난감이 아니라 엄마 아빠가 동화책을 읽어주기를 바란다. 부모의 이런 말과 행동은 아이에게 거짓말 하는 법을 가르쳐주고 아이의 자존감에 상처를 준다. 그렇기 때문에 아이를 속이거나 겁을 주어서도 안 되고 아이에게 지킬 수 없는 약속을 해서도 안 된다.

아이의 문제는 부모에게서 시작된다. 엄마가 쥐를 보고 깜짝 놀랄 때, 아이도 공포를 배운다. 아빠가 멋지게 옷을 입은 사람을 부러운 눈으로 보고 감탄하면서 지저분한 사람은 무시하듯 바라보면 아이도 아름답고 못난 것을 구별하게 된다. 아이에게 이래라 저래라 특별히 말을 하지 않더라도 우리의 말과 행동을 아이는 모두 지켜보고 있고 기억하고 있다.

> 량량은 학교에서 돌아와 거실에서 배구를 했다. 그러다가 실수로 장식장의 오래된 골동품 화분이 아래로 떨어져 깨져버렸다. 량량은 급히 깨진 조각들을 쓸어 담아 풀로 화병을 이

어 붙여 조심스럽게 원래 자리에 두었다.
저녁이 되어 량량의 엄마는 청소를 할 때 화병이 깨졌다는 것을 발견했지만 아무 말도 하지 않았다. 저녁을 먹은 후에 엄마는 량량에게 물었다. "량량, 화병을 깨뜨렸니?"
엄마의 질문에 량량은 눈을 자꾸 깜빡거리며 말했다. "고양이가 창밖에서 뛰어 들어왔고 쫓아내려고 하니까 고양이가 점프를 해서 장식장의 화병을 깨뜨렸어요."
량량의 말을 들은 후 엄마는 량량이 거짓말을 하고 있다고 확신했다. 그녀의 집은 매일 창문을 다 잠가 둔다.
하지만 엄마는 량량이 거짓말했다고 혼내지 않고 조용히 말했다. "그렇구나. 엄마가 창문을 닫는 것을 깜빡했구나. 먼저 씻고 와, 자기 전에 서재로 와 주렴."
씻은 후 량량은 불안한 마음으로 서재로 갔다. 량량이 들어오는 것을 보고 엄마는 보던 책을 두고 작은 서랍에서 초콜릿 3개를 꺼냈다. 그리고 그 중 하나를 량량에게 주며 말했다. "이 초콜릿은 오늘 상으로 주는 거야. 량량이 상상력을 발휘해 창문을 열 수 있는 고양이를 말해줬어. 분명 량량은 재미있는 추리 소설을 쓸 수 있을 거야."
이어서 엄마는 두 번째 초콜릿을 량량의 손에 올려주었다. "이 초콜릿도 상으로 주는 거야. 량량이는 손재주가 뛰어난 걸. 화병의 깨진 조각들을 완벽하게 붙였구나. 그런데 풀은 종이를 붙일 수 있지만 화병은 좀 더 접착력이 강한 풀을 써야하고 고도의 전문 기술이 필요하단다. 내일 화병을 들고 가서 도예가들이 어떻게 완벽하게 붙이는지 보자꾸나."
마지막으로 세 번째 초콜릿을 량량에게 주며 엄마는 말했다.
"마지막 초콜릿은 엄마를 용서해달라고 주는 거야. 엄마가 화병을 그런 곳에 두어서는 안 되는데 말이야. 특히 집에 움직임이 활발한 아이가 있는데 말이지. 량량, 앞으로는 위험하거나 놀라는 일이 안 생기게 엄마가 노력할게."
"엄마··· 저···" 량량은 엄마에게 자신의 잘못을 시인했다. 그날 이후 량량은 거짓말을 하지 않았다. 거짓말을 하고 싶을 때마다 그는 초콜릿 세 개를 생각했다.

얼마나 지혜로운 엄마인가. 아이가 화병을 깨고 거짓말을 하는 것을 알면서도 그녀는 자신만의 특별한 방식으로 최고의 교육을 했다.

초콜릿마다 담긴 뜻을 통해 엄마의 아이에 대한 깊은 사랑과 교육관을 알 수 있다. 특히 세 번째 초콜릿을 줄 때는 화병을 위험한 곳에 두었다고 자신의 잘못을 인정하고 진심으로 아이를 위로해주었다. 아이는 엄마의 무한한 사랑을 느낄 수 있었다. 초콜릿 세 조각은 아이의 자존심을 지켰고 아이의 순진한 본성을 지켰고 평생을 가지고 갈 훌륭한 자질을 길러주었다.

"우리 아이는 너무 반항적이에요.", "우리 아이는 너무 공격적이에요.", "우리 아이는 너무 말썽을 부려요.", "우리 아이는 거짓말을 잘해요." 부모들이 이렇게 말하면 실제로 아이에게 '문제가 너무 많은 것'처럼 보인다. 사실, 우리가 량량의 엄마처럼 모든 일을 자기 자신에게서 먼저 원인을 찾고 자신의 문제라고 여긴다면 아이의 올바른 품성도 지킬 수 있다.

그러나 실제로 량량의 엄마 같은 부모들이 얼마나 있을까? 많은 부모들이 아이의 잘못을 본 즉시 불같이 화를 내며 혼내며 벌주고, 매를 든다. 우리는 일방적으로 아이를 비난하고 아이에게 상처를 준다. 하지만 벌은 아이에게 잘못을 알려주는 것일 뿐 그가 어떻게 행동했어야 하는지를 알려주지 않는다. 반면 칭찬과 격려는 아이에게 올바른 행동이 무엇인지 알려준다. 그리고 아이는 부모가 칭찬한 대로 노력할 것이다.

신체적으로 풍부한 영양 공급도 중요하지만 정신적으로 풍부한 영양을 주는 것도 중요하다. 아이의 순수하고 깨끗한 마음은 소중히 다루어야 한다. 부모는 올바른 행동과 사랑, 관심으로 아이의 마음을 지켜주어야 한다. 우리는 먼저 자기 자신을 향상시키고 자신에게서 원인을 찾고 마음을 다해 아이의 아름다운 영혼을 지켜주어야 한다. 그리고 아이의 마음의 변화와 성장에 항상 관심을 가져야 한다. 아이에게 공감해주고 아이를 늘 생각하고 사랑으로 아이와 함께 성장하고 경험해나가야 한다. 이렇게 하면 우리는 아이의 내면세계로 들어갈 수 있고 아이의 생각을 이해할 수 있다. 아이가 감정을 쏟아낼 때 우리가 아이의 마음을 충분히 위로해주면 아이는 평생 행복하고 건강하게 살아갈 수 있을 것이다.

진정한 사랑은 아이와 대립하고 갈등을 하는 것이 아니라
아이의 인격을 길러주는 것이다.
사랑은 부모의 자기 수양의 과정이다.

마음가짐
08

언제나 수련하기

스스로
부족함을 잊지 말자

- 기대를 낮추고 자기 수양을 하자
- 아이에게 조건 없는 사랑을 주라
- 자녀교육은 자신이 탈바꿈하는 과정이다
- 아이를 통해서 과거의 잘못을 보다
- 깨닫는 능력을 키우고 개성을 발전시키자
- 부모님을 공경하고 효도하자

1

기대를 낮추고 자기 수양을 하자

우리가 알고 있는 것을 일단 잊어버리고 마음을 내려놓으면 더욱 발전할 수 있다. 이는 우리 인생에 있어 정말 중요하다. 많은 사람들이 이 도리를 잘 모르고 남을 가르치려 들고 자신의 경험과 생각만 가지고 사람을 대한다. 이것은 아무 도움이 되지 않는다. 오히려 다른 사람이 공부할 기회를 빼앗고 그의 발전을 가로막는 결과를 가져온다.

많은 부모들이 아이에게 '학습 계획'을 세워주고, 아이에게 세상을 살면서 이렇게 하면 안 되고 저렇게 해야 한다며 하나하나 알려준다. 결국 아이는 부모가 써준 인생 설명서로 살아간다. '아이에게 가이드라인을 제공하는 것'은 사실 진정한 의미의 교육이 아니다. 수많은 기대는 실망으로 변할 수 있다. 우리가 아이에게 '학습 계획'을 세워주면 아이는 용기와 창의력을 상실한다. 그리고 새로운 문제,

새로운 어려움이 생기면 소심해지고 어찌할 바를 모르고 심지어 전혀 이해할 수 없는 행동을 한다.

부모가 해야 할 것은 아이를 대신해서 선택하는 것이 아니라 기대를 낮추고 경험할 기회를 아이에게 주는 것이다. 아이는 경험을 통해 스스로 깨닫고 옳고 그름을 판단한다. 그러면 아이는 세상에 나가 살아갈 수 있는 방법을 진정으로 깨닫게 되고 자신의 부족한 부분을 채워나갈 수 있다.

원래는 사소한 일인데 너무 특별한 의미를 부여하면 기대가 커진다. 예를 들어, 아이가 시험에서 100점을 받았다. 그럼 우리는 다음 시험도 100점을 받을 것이라고 기대하고, 계속 100점을 받으면 좋은 대학에 합격할 수 있다고 기대를 한다. 아이는 풍선과도 같다. 우리가 계속 공기를 주입하면 아이는 더 큰 압박을 견뎌내야 한다. 결국 풍선이 펑 하고 터지는 순간 우리는 우리의 잘못된 사랑이 아이를 해쳤다는 것을 깨닫게 된다.

사람은 매우 단순하다. 아이의 성장은 자연의 섭리를 따라야 한다. 그러나 부모의 기대는 아이에게 심적 스트레스를 주어 여러 가지 문제들을 초래한다. 부모는 아이의 행복을 위해 기꺼이 자신을 바꾸고 수양해야 한다. 만일 우리가 기대를 내려놓고 아이의 모습 속에서 자신의 문제를 발견하고 자신을 바꾸어 나간다면 우리와 아이의 에너지를 향상시킬 수 있다. 이것이 우리가 이 세상에 와서 해야 하는 진짜 공부다.

2

아이에게

조건 없는 사랑을 주라

일반적으로 대다수 부모들이 아이를 대하는 방식은 두 가지다. 자기가 하지 못한 것을 아이가 해주길 바라는 마음과 자기가 갖지 못했던 것을 아이가 갖길 바라는 마음이다. 우리는 내 아이가 훌륭한 사람이 되기를 기대한다. 사실 이는 부모의 집착일 뿐이다. 우리의 이런 집착으로 아이는 스스로 만족하지 못하는 사람이 된다. 우리는 자식 교육이 정말 힘들다고 생각하고 어떻게 교육시켜야 할지 고민한다. 많은 교육 이론과 방대한 교육 방법 앞에서 부모들은 길을 잃고 어쩔 줄 몰라 한다. 사실, 교육은 거창한 이론이나 방법이 필요하지 않다. 한 가지 원칙만 잘 지키면 아이를 제대로 교육시킬 수 있다. 그 조건은 바로 무조건적인 사랑이다.

아이가 갓 태어났을 때 우리는 "건강하게만 자라면 되는 거지."라고 말한다. 아이가 좀 더 크면 이렇게 말한다. "행복하면 된 거야!" 하지만 아이가 공부를 시작하면 우리는 초심을 잃고 온갖 요구를 그의 앞에 늘어놓는다. "말 잘 들어야 해.", "제 시간에 숙제를 끝내야 해.", "좋은 성적을 받아야 해." 만일 아이가 우리의 기대에 부응하지 못하면 우리는 쉬지 않고 잔소리를 한다. 우리는 아이가 태어났을 때의 감사하는 마음을 모두 잊어버렸다.

우리가 사랑하는 방식은 아이에게 "1등을 해야 좋은 아이야."라는 것을 주입시킨다. 우리도 물론 모든 시험에는 꼴찌가 있다는 것은 알고 있지만 그 꼴찌가 절대 내 아이가 되어서는 안 된다는 생각을 갖고 있다. 다른 사람의 아이는 꼴찌를 해도 되지만 내 아이는 절대 안 되는 것이다. 아이에 대한 우리의 사랑은 조건부였다. 우리는 아이가 우리 말을 잘 듣고 우리를 만족시켜야만 부모에게 효도하는 아이라고 생각한다.

아이가 우리를 만족시키지 못할 때마다 우리는 화가 나서 소리친다. "한 번만 더 울면 혼날 줄 알아. 엄마는 더 이상 너 같은 아이는 필요 없어.", "집을 왜 이렇게 난장판으로 해 놨어. 빨리 치워. 안 그러면 엄마는 이제 너를 사랑해주지 않을 거야.", "밥 좀 잘 먹고, 쓸데없는 말 좀 하지마. 안 그러면 내일 놀이동산에 안 데려간다.", "빨리 숙제해. 말 안 들으면 알지?" 이런 말들을 들으면 아이는 '엄마 아빠는 무조건적으로 나를 사랑하지는 않는구나. 설령 내가 행복하지 않더라도 나는 엄마 아빠를 만족시켜야 하고 기대에 부응해야지 사랑받을 수 있구나.'라고 생각한다.

란란은 최근 주기적으로 배가 아팠다. 엄마가 병원으로 데려가 검사를 받았지만 특별한 문제가 발견되지는 않았다. 어느 날 란란의 엄마는 란란의 방을 정리하다가 란란이 공책에 쓴 글을 봤다. '학교에 가고 싶지 않아서 일부러 배 아프다고 거짓말을 했다. 이렇게 하면 학교에 안 가도 된다.' 란란은 왜 배가 아픈 척 한 것일까? 엄마를 걱정시키려고 한 것일까?

란란을 학교에서 데려온 후 엄마는 따뜻한 목소리로 자신이 본 내용을 말했다. "란란 고의가 아니었어. 방을 치우다가 우연히 보게 된 거야. 미안해." 란란은 엄마의 사과를 받아들였다. 그리고 엄마는 물었다. "란란, 왜 학교에 가고 싶지 않은 건지, 배 아픈 척 한 건지 말해줄 수 있어?"

란란은 입술을 깨물었고 엄마를 쳐다보았다. "학교에 다니면서 엄마가 변했어요. 매일 공부를 하지 않으면 엄마가 나를 사랑하지 않는 것 같았어요. 그런데 내가 갑자기 배가 아프다고 했을 때 엄마의 사랑을 느꼈고 그래서 배 아픈 척 한 거예요." 란란의 말을 듣고 엄마는 가슴이 덜컥 내려앉았다. 그녀는 자신이 아이를 대한 모습을 생각했다. 초등학교 입학했을 때 란란이 숙제를 해야 하는데 놀고 싶다고 말하자 그녀는 화를 주체하지 못하고 란란을 혼냈다 그런데 란란은 '숙제를 하지 않으면 엄마가 나를 사랑하지 않는구나.'라고 생각한 것이다. 최근에 란란은 엄마에게 물었다. "엄마, 내가 숙제를 안 해도 나를 사랑하는 거죠?"

란란의 엄마는 마침내 자신의 잘못된 방식이 아이에게 오해를 심어주었다는 것을 알았다. 그래서 그녀는 란란에게 사과했다. "란란 공부를 열심히 하지 않아도 엄마는 늘 너를 사랑해. 하지만 학교에 들어간 이상 열심히 공부해야 해. 공부를 열심히 해야 더 많은 지식을 얻을 수 있고, 세상을 더 많이 이해할 수 있고 더 큰 행복을 느낄 수 있을 거야."
엄마의 말을 듣고, 란란은 엄마가 자신을 늘 사랑한다는 사실을 알게 되었고 엄마에게 매일 열심히 숙제하고 공부하겠노라고 약속했다. 그리고 란란은 더 이상 꾀병을 부리지 않고 학교를 즐겁게 다닌다.

부모는 아이들의 문제를 통해 스스로의 문제를 찾아야 하고, 아이를 대하는 방식을 고쳐야 한다. 조건부 사랑은 아이의 성장에 전혀 도움을 주지 못한다. 조건부 사랑을 받은 아이는 두려움을 느끼고 자신감을 잃은 사람이 된다. 그는 도전하지 않으며 공부도 싫어하고 폐쇄적으로 변할 수 있다. 부모가 만족하고 좋아하는 행동만 하는 아이는 부모의 사랑을 잃을까봐 두려움이 가득해 다른 사람의 비위를 맞추며 자신을 숨긴다. 이런 아이는 점점 자라면서 허영심이 가득하고 심리적으로 불안정한 사람이 될 수도 있다.

그러나 많은 부모들이 아이의 책임감을 길러주는 데는 신경을 쓰지 않는다. 그 이유는 책임감을 길러주는 것만 신경 쓰면 아이의 성적이나 공부에 소홀할 수 있고, '공부를 잘해야 한다.'는 목표에 도움이 되지 않는다고 생각하기 때문이다. 하지만 사회가 발전하려면 덕과 실력을 겸비한 뜻 있는 청년이 더 많이 필요하다. 공부만 잘할 뿐 다른 것은 못하는 사람, 사회적인 책임감과 사랑이 없는 사람은 아무리 많은 자격증을 지니고 학력이 높아도 사회에서 자신의 입지를 찾을 수 없다.

우리는 '공부는 평생 하는 것이다.'라는 사실을 알아야 한다. 진정한 공부는 우리 삶 속에 있다. 사람을 대하는 것, 집안일을 돕는 것이 모두 공부다. 만일 우리가 무거운 물건을 들었는데 아이가 대신 들어주지 않는다면? 만일 목이 너무 마른데 물도 갖다 주지 않는다면? 사소한 것들을 놓치지 않고 배려하는 아이가 진짜 좋은 아이다. 학업 성적은 아이가 지식을 습득하는 과정일 뿐, 진짜 성장은 평소의 삶과 경험을 통해 이룬다.

사랑은 조건이 없어야 한다. 진정한 사랑은 아이와 대립하고 갈등을 하는 것이 아니라 아이의 인격을 길러주는 것이다. 사랑은 부모의 자기 수양 과정이다. 우리는 아이에게 무조건적인 사랑을 베풀고 그가 올바르게 성장할 수 있게 해야 한다. 아이가 자유롭게 성장하고 몸소 체험하는 과정에서 감사와 포용하는 법을 배워 선하고 사랑이 넘치는 사람으로 자라게 해야 한다.

3

자녀교육은

자신이 탈바꿈하는 과정이다

인생은 계속해서 새롭게 업그레이드하고 개선하는 하나의 작품이다. 우리는 가진 모든 것을 쏟아 붓고 스스로의 노력으로 삶의 규칙을 이해하고 인생을 새로 써 나가길 희망하지만 우리 뜻대로 되지 않고, 기대한 결과를 얻기 힘들 때가 많다.

우리가 인생무상, 삶에 대한 체념으로 무기력해질 때 천사 같은 아이가 우리 곁에 찾아온다. 스스로를 아직 '아이'라고 생각하던 우리는 어느새 부모의 모습을 하고 우리가 만든 새 생명을 조심스럽게 보호한다. 그러나 '우리가 단단히 마음먹지 않으면, 서로의 에너지를 소진시키는 인연으로 남을 수 있다. 우리가 성장하지 못하면 이 찬란한 생명을 제대로 키워낼 수 없다.'라고 생각하는 사람이 과연 얼마나 될까?

쉬는 하나밖에 없는 외동아들이다. 그의 어머니는 그를 너무 사랑했고 그가 먹고 자고 입는 것 하나하나에 정성을 쏟았다. 그러나 쉬가 자라면서 어머니의 간섭은 점점 더 심해졌고 그의 삶에도 지대한 영향을 끼쳤다. 특히 쉬가 결혼을 하려고 할 때 어머니는 약을 먹고 자살을 시도하는 극단적인 방식으로 쉬에게 상대와 헤어지라고 강요했다. 결국 쉬는 엄마가 만족하는 여성과 결혼할 수밖에 없었다.

그러나 처음에는 며느리를 매우 흡족해했던 어머니에게 점점 불만이 생겨났다. 어머니는 부부 두 사람의 관계에도 관여하면서 각종 핑계를 대며 쉬가 집으로 돌아가지 못하게 붙잡았다. 만일 쉬가 집으로 돌아가려고 하면 각종 이유를 들어 함께 집으로 돌아갔고 밤늦게까지 쉬의 집에 머물렀다. 쉬는 그때 작은 집에 살았는데, 한 침대에서 어머니, 아들, 며느리가 함께 잤다. 특히 쉬의 아이가 태어났을 때 어머니는 쉬와 며느리가 함께 있지 못하게 했다.

2년이 지난 어느 날 쉬가 실종됐다. 그는 어머니에게 쪽지를 남겼다. "저 떠나요. 절대로 찾을 생각 하지 마세요." 벌써 20년이 지났지만 쉬는 다시는 돌아오지 않았고 죽었는지 살았는지 아는 사람도 없다. 그의 어머니도 아들이 실종되고 몇 년 후 세상을 떠났다.

쉬가 작심하고 떠난 것은 어머니를 더 이상 감당할 수 없었고, 어머니의 사랑이라는 새장에서 숨을 쉴 수가 없었기 때문이다.

'자식에게 가장 좋은 것만 주고 싶다.'는 것은 세상 부모들의 똑같은 마음이다. 하지만 무엇이 가장 좋은 것인가? 우리의 인생을 아이에게 걸고, 아이에게 꽃길만 만들어 주는 것이 아이에게 가장 좋은 사랑인가? 아니다. 아이는 우리 생명을 이어주는 사람이지 우리의 소유물이 아니다. 아이도 자신의 인생이 있다. '부모가 된다는 것'은 우리가 성장하는 과정이며, 진정한 사랑은 아이를 영원히 점유하는 것이 아니라 품에서 떠나보내는 것이다.

세상의 사랑은 에너지를 결집시키고 부모와 자식 간의 사랑은 분리를 목적으로 한다. 아이가 모체를 떠나는 순간부터 아이의 성장 과정은 계속 분리의 과정이다. 모체와 분리되고, 모유를 떼면서 밥 먹는 법을 익히고, 부모의 품에서 벗어난다. 스스로 걸으면서 부모의 감시에서 벗어난다. 학교라는 사회에 나가면 공부하고 친구들과 어울리며 혼자 외출하고 부모의 간섭에서 벗어난다. 스스로 생각하고 판단하고 부모의 지원에서 벗어난다. 그렇게 자라서 스스로 돈을 벌고 자립하여 부모를 떠나 가정을 꾸린다.

아이가 태어나고 성장하면서 우리는 진정한 사랑은 아이와 점점 분리되어 아이의 독립을 이끌어 주는 것이라는 점을 알아야 한다. 이는 아이 스스로 자라나는 과정이자 생명이 자라는 자연의 섭리다. 만일 부모가 이 점을 잘 모르고 반대로 행동하고 자연의 섭리를 무시하면 아이의 유년 시절은 황폐해지고 성격 결함을 만들어 아이의 인생과 운명에 영향을 준다.

분리를 잘 모르는 부모들은 '사랑'과 '교육'이라는 이름으로 아이를 통제한다. 아이가 성인이 되고 결혼한 후에도 아이의 삶에 개입하고 결국 아이의 세상을 협소하게 만든다.

아이의 성장과 부모와 아이의 분리는 함께 이루어진다. 아이의 매 순간 순간 성장과 분리는 늘 함께 진행된다. '부모 되기'는 아이의 인생에 대한 간섭을 점차 줄여가는 것이며, 스스로를 변화시키고, 자신을 향상시키는 과정이다.

부모가 자식을 교육하는 과정은 자신이 탈바꿈하는 과정이다. 우리가 이미 알고 있는 생명의 이념은 아이를 키우면서 변할 수 있고 우리의 영혼은 한 단계 더 성숙해질 수 있다. 아이를 떠나지 못하는 부모가 있을 뿐 부모를 떠나지 못하는 아이는 없다. 시대가 발전하면서 아이는 부모가 가지지 못한 장점들을 많이 가지고 있다. 교육 방법도 달라져야 한다. 우리는 아이의 가장 가까운 사람의 역할에서 점점 벗어나야 한다. 자신의 역할을 더 이상 확대하지 말고 그릇된 사랑으로 아이를 망치지 말자.

사랑하는 마음에서 출발한 잘못된 생각으로 아이를 잘못된 길로 가게 해서는 안 된다. 아이를 대신해주고 싶은 마음을 거두고 아이에게 삶의 공간을 주자. 우리 자신의 부족한 부분을 채워가면서 아이와 함께 성장하는 것이 아이를 가장 사랑하는 방법이다.

4

아이를 통해서 과거의 잘못을 보다

사람의 삶은 연속 과정이다. 이 과정에서 겪은 모든 것들이 '세포 기억'이 되어 우리의 마음속에 자리 잡는다. 신체 기억은 자질과 천성으로 나타나고, 때로는 마음의 장애가 되어 생각, 삶 더 나아가 운명에 영향을 준다. 우리는 유전자를 재배열하거나 선택할 수 없지만 유전자에 붙어 있는 '세포 기억'을 통해 마음의 장애를 치유하고 에너지를 끌어올려 나만의 행복한 삶을 찾을 수 있다.

부모가 아이에게 주는 영향은 말로 설명할 수 없다. 아이의 모습은 부모의 사람됨을 보여준다. 부모는 아이에게서 만족스럽지 않은 점을 발견하면 억지로 아이를 뜯어고치기보다는 아이의 모습을 통해 자신을 돌아보고 자신의 실수를 들여다보고 스스로를 고쳐나가야 한다는 것을 기억해야 한다.

리우 여사 부부는 1남 1녀를 두었다. 아이들이 커갈수록 리우 여사는 두 아이가 손가락을 빠는 습관이 있는 것을 발견하고 여러 차례 고쳐주려 했지만 아무리 해도 고쳐지지 않았다. 리우 여사는 이것 때문에 골머리를 앓았지만 어떻게 해야 할지 몰랐다.

리우 여사와 대화를 통해 나는 리우 여사와 남편 사이가 그다지 화목하지 않다는 것을 알았다. 그녀는 2009년에 자살하고 싶다는 생각도 했었다고 한다. 임신했을 때에도 남편의 학대로 아이를 낳고 싶지 않다는 생각도 했다고 한다. 나는 리우 여사가 자신의 아픔과 억눌린 마음을 풀어낼 수 있게 도와주었다. 대성통곡을 하면서 그녀는 계속 같은 말을 되풀이했다. "너무 아팠어요."

그 후 장녀가 자신의 아픔을 호소했다. "엄마, 아빠가 나를 사랑하지 않고, 누구도 저를 원하지 않았어요. 엄마가 저를 원하지 않았을 때는 정말 견딜 수 없었어요. 속이 너무 아팠어요. 전 간식을 좋아하지만 밥 먹기는 싫고, 놀고는 싶지만 시험이 너무 두려워요."

상담을 통해 리우 여사는 남편과의 관계를 어떻게 처리해야 할 지 알았다. 그녀는 "만일 아이가 이런 증세를 보이지 않았더라면 자신과 남편, 그리고 아이와의 관계를 이해할 수 없었을 거예요. 또 나에게 주어진 사명을 전혀 몰랐을 겁니다. 정말 감사합니다."라고 말했다. 그녀는 아이가 자신에게 깨달음을 준 것에 감사했다.

상담이 끝나고 리우 여사는 아이의 문제는 부모에게서 시작되며 자신의 태도가 아이의 문제를 야기했다는 사실을 발견했다. 나는 그녀에게 조용한 곳을 찾아 시간을 갖고 반성하면서 남편과 함께 아이와 더 많이 있어주라고 말했다.

마음이 완전히 성숙하지 않은 상태에서 부모가 된 사람들은 알아야 한다. '아이는 가르치는 대상이 아니다. 아이는 우리가 좀 더 진실한 자아를 찾도록 하기 위해 왔다.'라는 사실을 말이다. 인체의 세포는 모두 기억하고 있다. 아이가 온 것은 부모를 완성하기 위한 것이다. 우리는 아이의 모습을 통해 과거의 잘못을 돌아본다.

맑고 순수한 아이들은 우리를 쏙 빼닮고 우리의 좋은 면, 나쁜 면을 모두 보여준다. 만일 우리가 아이와의 관계를 명확히 인식하지 못하면, 아이가 우리 삶에 주는 의미를 이해할 수 없고, 아이와 진정한 연결을 기대하기 힘들다. 가족 에너지의 이동과 계승은 기대하기 어렵고 나도 모르는 사이에 잘못된 생각과 방법으로 순수한 한 생명에 해를 끼칠 수 있다.

링링의 엄마는 다른 사람의 잘잘못을 따지기를 즐겨한다. 다른 사람과 함께 있을 때는 항상 남의 뒷담화를 한다. 그녀는 아이가 옆에 있든 말든 개의치 않는다. 심지어 링링이 숙제를 할 때도 엄마가 다른 사람과 동료와 싸운 일, 이웃의 개인사를 시시콜콜 이야기하는 것을 들을 수 있었다.

어느 날 링링은 엄마와 아빠가 말다툼을 하는 것을 들었고 무슨 일인지 물었다. 엄마는 대답했다. "너 옷이랑, 장남감이랑 모두 외할머니, 외할아버지가 사주셨지? 그런데 할아버지, 할머니는 뭘 사준 거니? 관심도 없었던 것 같아. 정말 구두쇠야!" 링링은 엄마의 말이 잘 이해가 되지 않았다. 그 말을 들은 아빠는 그저 한숨만 쉬었다.

한 이웃집 아줌마가 인터넷이 잘 안 되서 링링 엄마에게 도움을 요청했다. 링링의 엄마는 자기가 알고 있는 것을 하나부터 열까지 이웃에게 알려주었고 몇 차례 시범도 보여주었다. 참으로 훈훈한 장면이다. 하지만 이웃이 간 후 엄마는 비웃으며 말했다. "정말 바보 아냐? 아이큐가 거의 동물 수준인데?"

이렇게 자연스럽게 듣고 보다보니 링링도 엄마의 나쁜 습관을 따라하게 되었다 친구와 함께 있을 때 남 욕을 하고 다른 사람을 비웃었다. 링링 주변의 친구는 자연스럽게 줄어들었고 링링은 점점 외로워지고 있다.

집은 하나의 공장과도 같다. 모든 가족 구성원은 가족 공장의 산물이다. 만일 가정의 '제품'이 불합격 제품이라면 가족에 많은 타격을 줄 수 있고 사회에도 부담이 된다. 가정, 사회 모두 이로 인해 대가를 치르게 된다. 아이가 잘잘못을 올바르게 가릴 수 있는 능력이 없을 때는 부모의 말과 행동이 그에게 영향을 준다. 아이가 스스로 잘잘못을 판단하는 능력을 갖기 전에는 부모의 모습을 잘잘못을 판단하는 근거로 삼고 부모의 말과 행동을 그대로 따라한다.

우리가 우리의 생각을 바꾸려고 할 때 아이를 바꿀 수 있고 아이는 우리가 바라는 모습으로 변할 수 있다. 그러니 우리와 아이의 최종 관계는 서로를 완성해주는 관계임을 깨닫게 된다. 아이는 우리의 소유물이 아니며, 우리는 소유할 권리가 없다. 우리의 사명은 아이를 잘 키우는 것이며 아이의 성장을 통해 자신의 잘못을 돌아보고 스스로 향상되고 변화하여 아이와 나의 인생이 좀 더 아름답고 원만한 길을 걸을 수 있도록 하는 것이다.

아이는 복사본, 부모는 원본이다. 부모는 아이의 상황을 통해 스스로 성장하고 변해야 하고 향상되어야 한다.

5

깨닫는 능력을 키우고 개성을 발전시키자

모든 사람은 저마다 개성이 있다. 밝고 누구와도 잘 어울리는 사람도 있고 내성적이고 조용한 사람도 있다. 물론 각자 부족한 점들도 있다. 고집이 센 사람은 개성 있다고 여겨질 수도 있지만 때로는 고집스러운 성격으로 큰 손해를 보기도 한다. 개성이 강한 사람일수록 갈수록 고집스럽게 변하고 바뀌기 어렵다. 사람의 개성을 바꾸고 싶다면 유연한 방법을 취해야 한다.

아이가 주관이 생기고 개성이 뚜렷해지면, 우리는 더 이상 예전의 방법으로 그를 대해서는 안 된다. 아이가 어릴 때는 부모가 혼내도 아이는 깊이 담아두지 않고 금방 잊어버린다. 아이가 개성이 뚜렷해지기 시작하면 부모는 자신의 성격을 고쳐야 한다. 내 성격을 고치면 우리 스스로 배우는 것이 많다. 그리고 아이의 모습을 보면서 우리 스스로의 부족한 점을 깨닫게 된다. 자신을 고쳐나가면 아이도 바꿀 수 있다. 그래서 아이를 키우는 것은 곧 자기 수양의 과정이라고 말하는 것이다.

스스로 깨달음이 부족해 무의식중에 아이의 개성을 억압한 적이 없었는지 생각해보자. 열두 살이 되기 전에는 남다른 특징들이 많았던 아이는 어른의 집착과 간섭, 사회적 인간이 되길 바라는 기대 때문에 원래 가지고 있던 개성들이 모두 말살된다.

아이가 너무 말이 없어서 혹시 자폐증이 있는 것이 아닐까 걱정한 한 부모는 열두 살 된 아이를 정신병원에 입원시키기로 결정했다. 병원에 가기 전에 그들은 마지막 희망을 품고 우리를 찾아왔다. 나는 아이의 맑고 깨끗한 눈을 보면서 남들이 미처 발견하지 못 한 우울함이 있다는 것을 발견했다. 나는 아이의 손을 잡고 그의 감정에서부터 미세한 변화, 그리고 에너지의 이동을 느꼈다. 나는 조용히 다가가 아이를 끌어안고 아이 귀에 속삭였다. "얘야, 무척 상심했구나. 하고 싶은 이야기를 꺼내봐 주겠니?" 아이의 어깨가 조금씩 들썩거리더니 눈물을 쏟기 시작했다.
아이가 마음을 진정시킨 후에는 어린 시절 가지고 놀았던 장난감 이야기를 했다. 아이는 종알종알 거리며 말문이 트였고 멍했던 눈빛도 점점 또렷해지기 시작했다. 아이의 부모는 선생님인데 아이에게 너무 엄격했다. 부모의 자식 교육 방식이 너무 달라 아이는 그 사이에서 어찌할 바를 몰랐다.

그래서 결국 아이는 말문을 닫아버렸다. 일단 말실수를 하면 부모님께 혼날 수 있기 때문이었다. 아이에게는 아이의 눈으로 보는 세계가 있다. 어른의 눈과 생각으로 아이를 대하는 것은 옳지 않다. 정말 불공평한 일이다.

아이는 "나는 자유로워요. 나를 이렇게 대하지 마세요."라고 외쳤다. 부모는 아이의 간절한 목소리에 귀를 기울였고, 처음으로 아이의 마음도 성장해야 하며 공간이 필요하다는 사실을 깨달았다. 예전에는 아이에게 너무 많은 스트레스를 주고 부부간의 갈등이 생기면 아이에게 화풀이를 했다. 부모는 자신들이 정말 잘못된 행동을 했다는 사실을 깨달았다. 지난 몇 년 동안 아이에게 마음의 상처를 주고 아이를 정신병원에 강제로 입원시킬 뻔 했다는 생각을 하자 어머니는 아무 말 없이 펑펑 울었다. 그녀는 드디어 깨달았다.

부모가 스스로 깨달음이 부족해 아이를 정신병원에 넣을 뻔 했다. 정말 믿기 어려운 일 아닌가? 하지만 이런 일들이 의외로 우리 주변에서 종종 일어난다. 그래서 우리 모든 부모들은 생각을 넓히고 스스로 깨닫는 능력을 길러야 한다.

아이를 기르는 과정은 깨달음을 얻는 과정이다. 우리는 평소에 아이가 잘못을 하면 어떻게 하는가? 아이가 조금이라도 잘못하면 화를 내고, 혼내고, 매를 들거나 아이 대신 다 해주지 않는가? 우리는 잘못됐다는 것을 알면서도 그 잘못을 덮으려다가 오히려 더 심각한 결과를 초래한 경우가 많다. 아이의 문제는 부모의 문제이며, 아이가 우리에게 온 것은 우리를 완성하기 위함이라는 것을 완전히 잊은 건 아닐까. 우리는 자식 문제에서 나 자신의 부족한 점을 발견할 수 있어야 한다.

아이가 어릴 때는 실수를 할 수밖에 없다. 부모는 아이의 잘못을 올바르게 대해야 하지만 대다수 부모는 자기의 실수나 잘못을 두려워한 나머지 아이의 잘못을 과잉 해석하고, 아이를 겁준다. 잘못을 맹목적으로 확대하고 공포를 조성하면 아이는 똑같은 잘못을 하지 않으려고 노력하기는커녕 온갖 방법을 동원해 잘못을 덮고 책임을 지려하지 않는다. 그리고 결국 심각한 결과를 초래한다. 하나의 거짓말을 덮기 위해서 다른 거짓말들이 꼬리에 꼬리를 무는 것처럼 악순환의 고리 속에서 아이의 인생은 갈수록 나락으로 떨어져 돌이킬 수 없게 된다.

물론 어떤 부모는 "그럼 아이에게 아무런 신경을 쓰지 말라는 건가요?"라고 물어본다. 자식교육은 부모가 절대 회피할 수 없는 책임이자 의무이다. 하지만 우리가 교육하는 목적은 아이가 잘못을 인정하고 고치도록 하는 것이지 잘못을 두려워하고 무조건 덮어버리는 것이 아니다.

만일 우리의 교육으로 인해 아이가 실수나 잘못을 무조건 두려워하게 되면, 그 아이는 나약해지고 더 이상 실수나 잘못을 인정하고 올바르게 대할 수 없게 된다. 우리는 아이가 잘못을 올바르게 인식하고 같은 실수를 반복하지 않도록 가르쳐야 한다. 우리는 먼저 아이의 잘못을 너그러이 이해하고 나의 본성을 극복해야 한다.

인간의 행동은 생각과 본성이 결정한다. 생각이 습관을 결정하고, 습관이 인생을 결정한다. 그래서 우리의 변화는 우리의 생각을 변화시키고, 나의 본성을 극복해가는 것부터 시작해야 한다. 부모는 아이의 문제를 정확하게 인식하고 아이가 스스로 깨닫고 용감한 사람이 될 수 있게 해야 한다. 그러면 우리 아이는 진정한 강자가 될 수 있다. 물론 이는 우리의 운명을 바꾸는 중요한 출발점이다.

6

부모님을 공경하고 효도하자

우리는 가정과 사회에서 중요한 역할과 책임을 지고 있는데, 그 중 가장 중요한 책임은 위로는 부모에게 효도하고 아래로는 자식을 잘 교육시키는 것이다. 인생은 수양의 과정이다. 부모님을 대할 때는 '섬기는 법'을 알아야 하고, 자식을 가르칠 때는 '내려놓는 법'을 알아야 한다. 그래야 우리는 진정으로 성장할 수 있다.

생명의 첫 번째 시작은 부모님이다. 부모님 덕분에 우리가 이 세상에 온 것이다. 만일 우리가 자신이 어디에서 온 것인지 잊고 부모를 공경하지 않으면 우리가 부모를 대하는 모습이 우리의 인격과 품성을 만든다. 만일 우리가 부모를 이해하고 부모에게 공경한다면 부모의 단점이 우리의 장점이 되는 것이다.

'가장이 되지 않으면 땔감이 얼마나 비싼 줄 모르고, 자식을 키워

보지 못하면 부모의 은혜를 모른다.'는 말처럼, 우리는 부모님이 우리를 위해 얼마나 애썼는지를 깨닫고 부모님의 노고를 이해해야 한다. 우리가 어떤 잘못을 하든지 부모님은 우리를 이해해줄 것이다. 부모님은 우리가 어떤 사람이든 항상 안아줄 것이고, 우리가 어디에 있든 부모님의 마음에 늘 우리가 있다.

우리가 아무리 나이를 먹어도 부모님의 마음속에 우리는 영원히 아이이다. 부모님은 우리에게 늘 관심을 갖고 있다. 우리가 어디에 있건 부모님과 보이지 않는 끈으로 서로의 마음이 연결되어 있다. 우리는 부모님의 목숨과도 같은 소중한 아이이고, 우리가 어려움에 처하면 부모님이 우리보다 더 괴로워한다. 우리가 즐거울 때 부모님은 더 즐거워하고, 우리가 무언가를 성취하면 부모님은 자랑스럽게 생각한다. 이것이 세상 모든 부모의 마음이다.

부모님을 섬기는 것은 부모님을 이해하고 효도하라는 뜻이다. 부모님은 우리의 과거다. 부모님과의 관계가 좋으면 우리는 행복한 인생을 살 수 있다. 자식에 대해서 내려놓을 줄 알아야 한다. 내려놓는다는 것은 베푼다는 것을 의미한다. 부모는 자식에게 거대한 에너지를 베푼다.

'모든 선행 가운데 효가 가장 으뜸이다.'라는 말이 있다. 한 가정은 큰 나무와 같고 어른은 뿌리이며, 부부는 줄기고, 아이는 열매다. 가정이 행복하길 바란다면 가족이라는 큰 나무의 뿌리, 우리의 부모님이 필요하다. 나무의 뿌리에 사랑을 가득 담으면 이 나무는 잎이 무성하게 무럭무럭 자란다. 뿌리로부터 풍부한 영양이 나무 곳곳으로 올라와 줄기를 지나 열매에 공급된다. 이렇게 큰 나무는 점점 키가 크고 울창하게 변한다. 그러나 순서가 바뀐 가정도 있다. 부모님께 효도는 커녕 모든 열정을 아이에게만 쏟는다. 이러한 부모 밑에서 자란 아이는 문제가 발생할 수 있다.

우리는 아이를 사랑한다. 하지만 너무 사랑한 나머지 아이에게 손 하나 까딱 못하게 한다. 우리는 아이를 전부로 생각하고 일상의 모든 것이 아이 위주로 돌아간다. 우리는 아이가 하자는 대로 하고, 아이가 요구하는 것을 다 들어준다. 그래서 우리는 아이가 이기적이고 무례하고, 오만하고 나태하고 불효하는 모습을 결국 보게 된다. 아이는 자기만 생각하고 부모는 안중에 없다. 왜 그럴까? 모든 가족이 식탁에 둘러 앉아 밥을 먹을 때 엄마는 아이에게 먼저 반찬을 올려준다. 손자를 너무 사랑하는 할아버지, 할머니도 손자에게 먼저 음식을 준다. 아이는 모든 가족이 나만을 위하고, 내가 대장이라고 착각하고 결국 유아독존에 빠지게 된다. 이렇게 살아온 아이가 무슨 부모나 어른을 생각하겠는가? 이런 아이는 자라면서 자기 뜻대로 되지 않으면 화부터 낸다.

모든 관계는 두 가지로 압축된다. 섬기는 것과 얻는 것이다. 부모님을 '섬기는 법'을 배우면 부모님께 항상 감사하고 원망하지 않는다. 그러면 우리는 진짜 성장하게 된다. 아이에 대해 '얻는 법'을 배우는 것은 '베푸는 법과 내려놓는 법'을 아는 것이다. 베풀수록 얻는 것이 많아진다. 그래서 '얻는 것'은 곧 '내려놓는 것'과 같다.

그러나 많은 부모들이 아이를 위해 희생하지만 베풀지는 않는다. 희생의 본질은 사람을 억압하고 간섭하는 것이다. 베푸는 것은 그 자체가 즐겁고 기쁜 것이다. 그래서 즐겁게 베풀어야 한다.

많은 부모가 아이를 위해 무조건 자신의 삶을 희생한다. 자기 자신을 잃어버리는 대신 아이에게 스트레스를 준다. 스트레스는 오히려 아이를 나태하게 만들고 아이의 잠재력을 말살시킨다.

진정한 베품은 에너지가 넘치고 즐거운 행위이며 공덕을 쌓는다. 부모가 되고자 하는 사람들은 아이는 나의 소유물이 아니라는 사실을 인정해야 한다. 내려놓는 법을 배워 아이에게 자유를 주고 아이에게 자기 자신을 다시 돌려주어야 한다는 것을 깨닫기를 바란다.

가정은 자녀를 교육하는 가장 훌륭한 장소이다.
이 학교는 담벼락도 없고 교실도 없고,
수업 시간을 알리는 종소리도 없고 숙제도 시험도 없다.
하지만 학교와 비교할 수 없을 정도로
다채롭고 깊이가 있다.
가정이라는 학교의 모든 사람,
그 속에서 일어나는 모든 일들이
아이의 성장에 특별한 작용을 한다.

마음가짐
09

좋은 환경 만들기

안전한 쉼터를 만들어주자

- 가정은 최고의 학교다
- 비교는 잘못의 시작이다
- 공부에 대한 흥미를 키워주는 것이 공부보다 더 중요하다
- 감사의 씨앗을 뿌리자
- 아이에게 남을 사랑하는 능력을 길러주라

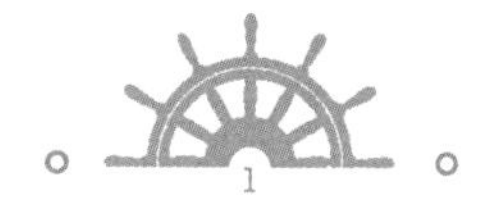

1

가정은 최고의 학교다

어떤 교육이 아이에게 좋은 교육일까? 좋은 학교를 선택하면 아이에게 누구보다 빛나는 인생을 보장해줄 수 있을까? 그렇지 않다! 아이의 인생에는 수많은 가능성이 존재한다. 우리가 목표를 단순히 '진학'에만 맞추고 학교 선택에만 몰두하는 것은 아이에게는 보이지 않는 피해를 주는 것이다.

아이의 성장에서는 가정교육이 가장 중요하다. 아이를 어떤 학교에 보낼지가 아니라 그가 앞으로 어떤 사람이 되느냐가 우리가 고민해야 할 문제다. 아이가 건강하고 올바르게 자라는 것보다 더 중요한 것이 어디 있겠는가.

진정한 교육은 물 흐르듯 자연스럽게 영향을 주는 교육이다. 가정은 자녀를 교육하는 가장 훌륭한 장소이다. 이 학교는 담벼락도 없고 교실도 없고, 수업 시간을 알리는 종소리도 없고 숙제도 시험도 없다. 하지만 학교와 비교할 수 없을 정도로 다채롭고 깊이가 있다. 가정이라는 학교의 모든 사람, 그 속에서 일어나는 모든 일들이 아이의 성장에 특별한 작용을 한다.

만일 아이가 자기 비하에 빠져 있고 나약하다면 그의 부모는 분명 눈앞의 이익만을 추구하는 사람일 것이다. 만일 아이가 폭력을 좋아한다면 그의 부모는 습관처럼 아이를 때리는 사람일 것이다. 만일 아이가 소심하고 낯가림이 심하다면 그의 부모는 평소에 아이의 잘못을 하나하나 지적하고 아이 대신 모든 일을 처리하려 들 것이다. 만일 아이가 선하지 않다면 그의 부모는 분명 동정이나 연민이 부족한 사람일 것이다. 만일 아이가 옳고 그름을 분별하지 못한다면 그의 부모는 독재적이며 아이를 대신해 모든 것을 결정하거나 사리가 불분명한 사람일 가능성이 높다.

우리는 '환경이 사람을 만든다.'는 이야기를 종종 한다. 아이가 자라고 생활하는 중요한 환경으로써 가정은 한 사람을 성공시킬 수도 있고 망칠 수 있다. 그래서 다음 세대의 건강한 성장을 위해 우리는 가정환경이 아이의 성장에 미치는 작용을 분명히 인식하고, 아이에게 좋은 가정환경을 만들어주는 것부터 시작해 좀 더 지혜로운 부모가 되도록 노력해야 한다.

만일 우리가 자신의 나쁜 습관을 아이에게 물려주기를 바라지 않는다면 자기 자신과 가정환경부터 변화를 시도해야 한다. 공부를 좋아하지 않았지만 아이는 공부에 흥미를 가지길 바란다면 우리부터 공부에 관심을 가지려고 노력해야 한다. 우리는 말과 행동으로 아이에게 학습형 가정환경을 만들어주어야 한다.

'말보다는 행동이다.'라는 말이 있다. 아이에게 책을 읽으라고 강요하면서 자신은 짬이 나면 뭘 하는지 생각해본 적 있는가? 약간의 쉬는 시간에 TV를 보거나 카드놀이 같은 게임을 하면서 아이에게는 책을 보라고 하면 과연 아이는 당신의 말을 수긍할 수 있을까? 차라리 내가 직접 행동으로 보여주고, 좋은 환경을 만들어 아이의 학습 흥미를 높여주는 것이 좋지 않을까?

그러나 나를 바꾼다는 것이 말처럼 쉽지 않다. 사람들이 가장 바꾸기 어려운 것이 바로 자신이다. 특히 똑같은 일상의 환경에서는 더욱 어렵다. 매일 과거와 같은 환경에서 놓여 있으면 변하기 쉽지 않다. 특히 집 안에서 변화는 더욱 어렵다. 그 이유는 모든 가족이 서로를 너무 잘 알고 있기 때문이다. 만일 우리가 지금부터 매일 책을 읽겠다고 하면 가족들은 "그 얘기는 도대체 몇 번째 하는 거냐." 라고 핀잔을 준다. 가족들의 생각은 양면성이 있다. 가족은 나와 함께 살기 때문에 내가 자신을 바꾸려고 할 때 좋은 방향으로 바뀌면 그 변화가 얼마나 갈지 걱정하고, 나쁜 방향으로 바뀌어도 걱정한다. 그래서 집에서 변화를 시도한다는 것은 정말 어렵다.

우리는 이 점을 인식하고 아이에게 더욱 관대하고 인내심을 가져야 한다. 만일 아이가 제대로 못하면 기회를 주고 이전에 실패했던 경험에 초점을 맞추기 보다는 아이에게 잘하지 못해도 괜찮다고, 다시 할 수 있다고 말해주어야 한다. 아이가 변하고 싶어 하면 우리는 옆에서 응원해주면 된다. 아이에게 기회를 주는 것은 나 자신에게도 기회를 주는 것이다.

가정은 이상적인 요람이다. 좋은 부모와 자식의 관계는 아이의 인생 최고의 자산이다. 아이는 부모의 사랑을 느끼면서 마음이 안정되고, 에너지가 상승한다. 가정보다 사랑이 더 충만한 학교는 없고, 부모보다 아이를 더 사랑하는 선생님은 없다. 사랑은 원래 인생에서 가장 기본적인 교육이다. 많은 아이들이 성인이 된 후에 대인 관계를 힘들어 하고 사회에 잘 적응하지 못하고 일도 제대로 하지 못하고 심지어 인격에 문제가 발생하기도 하는데 이 모든 문제는 유년시절 가정환경과 직접적인 관련이 있다.

아이는 가정환경을 보여주는 거울이다. 포용심이 부족하고 지적을 잘하는 가정환경은 편협하고 옹졸한 아이를 만든다. 나쁜 이야기만 하는 가정에서 자란 아이는 항상 남을 원망한다. 사랑이 부족한 가정에서 자란 아이는 예민하고 의심이 많다. 진정한 교육은 지식의 전수뿐만이 아니라 심성 교육과 습관을 길러주는 것에 있다. 가정환경이 아이의 미래를 결정한다!

아이의 마음이 자라려면 긍정, 자유, 사랑, 포용, 꿈도 필요지만 좌절에 직면할 필요도 있다. 그래서 아이에게 스스로 문제를 해결할 수 있도록 가르치고, 건강하고 좋은 가정환경을 제공하는 것이 부모가 아이에게 줄 수 있는 가장 소중한 자산이다. 모든 부모들이 이 진리를 깨닫고 아이의 모습 속에서 스스로를 돌아보고 변화시키길 바란다. 내가 가지고 있는 장점을 우리의 다음 세대에 전해줄 수 있어야 하고 단점은 바꾸려고 노력하여 다음 세대에 단점을 물려주지 않도록 해야 한다. 부모는 포용하는 마음으로 아이에게 기회를 주어 그가 한 뼘씩 성장하고, 더욱 평화로운 인생을 살도록 해야 한다.

가정은 아이를 교육하는 최적의 장소이며 아이를 정신적으로 성숙시키는 요람이자, 아이가 인생을 출발하는 시작점이다. 가장 훌륭한 교육은 언제나 가정에서 이루어진다. 부모들은 아이의 마음 성장을 주시하고 아이를 위해 조화롭고 따뜻하고 평화로운 가정환경을 만들어야 한다. 가정은 아이의 정서적 안식처가 되어 아이의 인격과 인성을 성숙시키고 완성하고 아이가 꿈을 꿀 수 있는 장소가 되어야 한다.

비교는 잘못의 시작이다

아이가 사회의 훌륭한 인재가 되어 '누구보다 뛰어난 사람'이 되는 것은 대다수 부모들의 공통된 바람이다. 그러나 많은 부모들은 아이가 자신감이 결여되고 능력을 보여주지 못하는 것을 걱정한다. 부모는 아이를 격려해야 한다는 사실을 어느새 잊어버린 채 아이에게 훈계와 잔소리가 필요하다고 오해하고 있다. 그래서 부모들은 자기 아이와 남의 아이를 비교한다.

부모들은 함께 모였을 때 늘 아이 이야기를 한다. 학교 정문이든 아이 학원이든 친척집이나 친구 집에 갈 때, 버스나 지하철에서도 부모들은 '우리 애는' 하고 이야기를 시작한다. "너희 애는 정말 말을 잘 듣는구나. 우리 애는 말을 죽어라고 안 들어.", "이번 기말 고사에 우리 애는 성적이 좋았는데 너희는 어때."

우리가 내 아이와 남의 아이를 비교할 때마다 아이들이 얼마나 괴롭고 상심할지 생각해보았는가? 나의 아이와 다른 집 아이를 비교하는 것은 아이의 자존심에 상처를 주는 것이며 자신감을 상실하게 만든다.

"저 집 애가 얼마나 착한 지 봐라! 집에서도 엄마를 도와주는데 너는 뭐니? 정말 뭘 할 수 있니?", "그 애가 얼마나 공부를 열심히 하는 줄 아니? 그런데 넌 하루 종일 노는 것만 좋아하고.", "언제쯤 엄마의 체면을 살려줄래? 엄마 친구 아들은 이번에 1등 했대." 익숙한 이야기들 아닌가? 부모가 당신에게 한 잔소리가 지금 당신이 자신의 아이에게 하는 잔소리가 아닌가?

친구의 아이 룽룽은 활달하고 사랑스러운 아이다. 성적은 중간 정도이지만 음악과 체육을 정말 잘하고, 학교 줄넘기 대표팀에서도 훌륭한 선수다. 룽룽은 학교 대표로 각종 경기에 참가해 수많은 상을 받았고 학교에 영광을 안겨주었다.

그러나 엄마는 룽룽의 장점들이 눈에 들어오지 않았고 룽룽이 성적이 나쁘다고 늘 불만을 가졌다. 그녀는 공부를 잘해서 좋은 학교에 입학하면 룽룽의 앞길이 보장된다고 생각했다. 이웃집 아이 원원은 룽룽과 같은 반 친구인데 늘 1등을 차지해 선생님이 '특별히 관리하는 학생'이다. 그래서 엄마는 룽룽에게 늘 잔소리를 했다. "원원을 봐라. 정말 공부를 잘하지 않니? 너를 보렴. 언제쯤 엄마에게 1등하는 걸 보여줄래? 1등, 2등은 아니라도 3등은 해 줄 수 있지?" 룽룽은 이에 지지 않고 말했다. "나는 노래와 줄넘기를 누구보다도 잘 해요!" 아이의 말을 듣고 엄마는 화가 났다. "그게 무슨 소용이야, 공부할 시간만 까먹는 걸! 줄넘기 말고 공부를 더 열심히 해야지, 원원처럼." 엄마가 하루가 멀다 하고 비교를 하자 룽룽은 너무 견디기 힘들었고 그는 점점 원원을 멀리했다. 원원과 더 이상 함께 하교하지 않았다.
룽룽의 성적을 올리기 위해서 엄마는 국어, 영어, 수학 학원에 등록했다. 그래서 룽룽은 자신의 재능을 발전시킬 시간이 없어졌다. 한 학기가 지났지만 룽룽의 성적은 향상되지도 않았을 뿐더러 줄넘기 실력도 예전만 못하게 되었다.

부모는 자신의 체면 때문에 자기 아이를 다른 아이와 비교한다. 대부분의 부모들이 쉽게 범하는 실수다. 우리는 우리의 아이가 다른 아이처럼 공부를 잘 하고, 스스로 공부하기를 바랄 뿐 모든 아이들이 각자의 재능과 특기가 있다는 것을 잘 모른다. 모든 아이들이 자신의 장점과 특기가 있다. 다른 아이의 기준을 내 아이에게 동일하게 적용해서는 안 된다.

비교는 실수의 시작이다. 내 자식과 남의 집 자식을 비교해서는 안 되고 아이에게 고통을 주면 안 된다. 비교는 누구에게도 아무런 도움이 되지 않는다.

실제로 많은 부모들이 자기 자식과 남의 집 자식을 비교하고 '우리 아이에게 문제가 있다.'고 생각하는데 사실 그 문제의 근원은 부모 자신이다. 부모 자신이 어릴 때부터 '비교당하며' 자라서 자신도 모르게 부모의 교육 방식을 답습하는 것이다. 부모는 자신이 이루지 못한 꿈을 아이가 대신 이루어주길 기대한다. 어릴 때 선생님과 친구들 앞에서 당당하지 못하고 자신감이 없었던 부모는 아이에게 반장이나 회장을 시키고 아이가 다재다능한 사람이 되길 바란다. 하지만 아이에게 거는 지나친 기대들이 자기 내면의 치유되지 않은 아픔이라는 것을 잘 모른다. 아이의 문제에 자신의 그림자가 있다는 것을 말이다.

모든 부모는 꿈과 희망이 있을 것이다. 하지만 아이는 우리의 꿈을 이루어주는 도구가 아니며, 아이도 자신의 인생이 있고 자신이 해야 할 일이 있다는 사실을 기억해야 한다. 부모는 아이를 놓아주고 행동을 아껴 그에게 자유를 허락해 자신감을 길러주고 진정한 자아가 될 수 있도록 해야 한다.

모든 아이들에게는 남보다 잘하고 싶은 마음이 있다. 하지만 모든 아이들은 저마다 장점과 단점이 있고, 출발점도 모두 다르다. 다른 아이의 기준을 나의 아이에게 요구하면 아이의 자신감을 떨어뜨릴 수 있고 아이는 자신을 비하할 수 있다. 부모는 아이의 장점을 발견하고 아이를 늘 격려해야 한다.

아이는 우리의 미래이자 희망이며 내일의 태양이다. 우리가 우리의 행동이 아이에게 심각한 영향을 미친다는 것을 안다면, 아이의 마음 성장에 긍정, 자유, 감정, 꿈이 필요하다는 사실을 안다면 아이에게 사랑과 응원이 충만한 환경을 제공해야 한다. 부모는 우리의 아이를 '다른 집 아이'와 비교하지 말아야 한다. 부모의 비교 속에서 아이는 '나는 아무것도 할 수 없어.'라고 느낄 수 있다. 만일 필요하다면 아이 스스로 비교하게 해야 한다. 아이가 오늘과 내일을 비교하고, 이번보다는 다음에 좀 더 나아질 거라고 비교할 수 있다면 그는 좀 더 긍정적이고 자신감이 넘치는 사람이 될 것이다.

우리는 아이의 좋은 안내자가 되어 아이 스스로 자신의 장점을 찾게 하고 아이의 자신감을 키워주어야 한다. 그리고 아이가 원만하고 진취적인 삶을 살 수 있도록 도와주어야 한다!

3

공부에 대한 흥미를 키워주는 것이 공부보다 더 중요하다

한 사람의 성공과 실패의 핵심은 그가 공부하고 변하는 속도에 달려 있다. 부모가 학습 규칙을 이해하고 아이에게 공부를 즐겁게 하는 법을 가르쳐주는 것이 공부를 잘 하는 것보다 훨씬 중요하다. 흥미는 가장 훌륭한 스승이다. 공부를 하기 위해 가장 먼저 해야 할 일은 공부에 대해 흥미를 가지는 것이다.

'아는 것은 좋아하는 것만 못하다.'라는 말이 있다. 흥미를 갖고 스스로 알아서 공부를 하면 좋은 성적은 자연스럽게 따라오고 아이는 자신감을 갖게 된다. 아이는 공부가 쉽다고 생각하고 공부에서 즐거움을 얻으며 자신감이 상승한다. 공부는 '쉬운 것, 즐거운 것'이라는 생각을 해야 한다. 공부가 쉬워지면 자신감이 생기고 자신만의 학습 노하우가 생긴다. 편안한 마음으로 즐겁게 공부하면 학습 효과는 배가 되고 더 좋은 결과를 얻을 수 있다.

아이가 공부에 대해 흥미를 느끼게 하는 방법은 다음과 같다.

첫째, 독서하는 분위기를 만들어 아이가 책 읽는 즐거움을 알게 하라. 일반적으로, 지식은 책과 경험을 통해서 얻는다. 청소년 시기에는 독서가 정말 중요하다. 그래서 아이가 독서를 즐기게 하려면 우리는 임신한 순간부터 아이에게 책을 읽어주어야 한다.

임신 10개월 동안 매일 태아에게 좋은 책을 읽어주면 좋다.

0세~3세, 매일 자기 전에 아름다운 동화나 산문을 읽어준다. 이 시기에는 아이에게 동일한 사람이 꾸준히 책을 읽어주는 것이 중요하다. 0세~3세 시기는 안전감을 형성하는 가장 중요한 시기이다. 정해진 주 교육자가 있고 익숙한 얼굴이 아이에게 안전감을 형성해 주면서 아이의 두뇌 개발을 해준다.

3세~6세, 아이 손이 닿는 곳에 유익한 내용의 책을 두어라. 아이가 장난감을 갖고 놀 때는 클래식이나 좋은 동화, 영어 CD 를 들려주고, 아이가 잠들었을 때도 볼륨을 낮추고 틀어주면 좋다.

6세~10세, 매일 아이에게 자기 전에 책을 읽어준다. 이야기가 흥미진진해질 때쯤 잠시 멈추고 아이에게 결말을 물어보고 스스로 답을 찾게 한다.

만일 아이가 열 살 이전에도 책을 좋아하지 않으면 좀 더 편안한 환경을 만들어 준다.

둘째, 아이가 실천을 통해 학습의 즐거움을 깨닫게 한다. 모든 아이들은 이 세상에 온 그 순간부터 주변 모든 것에 흥미와 호기심을 갖게 된다. 강렬한 호기심이 발동한 아이는 스스로 공부를 하고 흥미 있는 내용은 끝까지 파고든다. 부모는 아이의 호기심과 지적 욕구를 잘 활용해 스스로 문제를 해결하도록 돕고, 올바른 방향을 제시해야 한다. 아이가 생각하는 법을 배우면 스스로 생각하고 실천을 통해 문제의 정답을 찾을 수 있고 경험한 것을 토대로 배움의 즐거움을 얻으면 정신적인 즐거움도 함께 찾아온다.

셋째, 가장 쉬운 것부터 시작해 아이의 지적 호기심을 키워주어야 한다. 교육에서 정말 중요한 것은 아이가 더 많은 지식을 습득하도록 서두르지 않는 것이다. 가장 쉬운 것부터 출발해 배움과 경험을 통해 성취감을 느끼고 지적 호기심을 키워가는 것이 아이의 성공을 결정할 것이다.

아이가 배움과 실천 과정에서 어려움에 직면하면 좌절감을 느낄 수도 있는데, 이는 아이가 공부에 대한 흥미를 키워나갈 때 최대 적이다. 만일 아이가 직면한 문제가 제때 해결되지 않으면 자신을 부정할 수 있고 배움에 대한 흥미를 잃고 공부하기 싫어질 수도 있다.

넷째, 칭찬으로 아이에게 자신감을 주고, 아이의 공부에 대한 흥미를 깨워주라. 좋은 아이는 칭찬으로 완성된다. 인간의 가장 본질적이고 간절한 바람은 칭찬을 받는 것이다. 칭찬과 격려로 아이의 마음을 다독여주고 그가 부모의 응원과 칭찬 속에서 즐거움을 얻고 자신감을 키울 수 있도록 한다. "넌 할 수 있어." 부모의 말 한마디는 아이에게 힘을 준다. 그러나 아이를 칭찬하는 목적은 아이의 성적을 끌어올리는 것도, 아이를 남보다 뛰어나게 만드는 것이 아니라 아이가 공부의 즐거움을 깨닫고 흥미를 갖도록 하는 것임을 기억한다. 물론 칭찬과 격려를 하되 차이를 인정하고 실패도 이해해야 한다. 이것은 자연의 섭리다. 우리가 이런 마음을 잃지 않으면 우리 아이는 언젠가는 훌륭한 사람이 될 것이다.

다섯째, 아이가 공부 방법과 룰을 찾을 수 있게 돕고 아이의 학습 능력을 키워주라. 공부는 기나긴 과정이다. 공부는 흥미진진하고 즐거울 때도 있지만 재미가 없을 때도 많다. 부모는 아이에게 공부도 지루하고 재미없을 때가 있다는 것을 알려주고 아이가 자신만의 공부 방법과 규칙을 찾아 학습의 효과가 배가 되는 즐거움을 느낄 수 있게 도와주어야 한다. 아이는 점점 공부가 쉽게 느껴지고 흥미를 느끼게 된다.

여섯째, 아이에게 공부를 강요하지 말자. 아이가 공부에 대한 즐거움을 깨닫게 하여 주도적으로 학습하도록 한다. 배움은 인풋과 아웃풋 두 가지가 있다. 아웃풋을 하려면 인풋이 필요하다. 사람은 하루 종일 24시간 인풋 상태로 있을 순 없다. 인풋을 하기에 적절하지 않은 시간은 공부하기 좋은 타이밍이 아니다.

아이가 놀러나가고 싶어 할 때 부모가 억지로 공부를 시키면 아이는 공부를 하기는 하지만 아무런 효과를 거둘 수 없다. 그의 머릿속에서 이미 공부와 노는 것의 우선순위가 완전히 뒤바뀐 것이다. 인풋의 상태에서만 학습 효과를 거둘 수 있다. 그러면 학습속도가 점점 빨라지고 효율도 배가 된다. 우리는 '하나의 마음을 두 가지 일에 사용하지 못한다.'는 도리를 잘 이해해야 한다.

부모는 아이가 인풋하기 적절한 상태에 놓였을 때 긍정적인 사고를 통해 학습 임무를 완성할 수 있는 능력을 기를 수 있게 도와야 한다. 아이는 그 능력을 효과적으로 활용하여 배움의 즐거움을 얻을 수 있다. 그러면 아이는 좀 더 주도적으로 학습하고 이전보다 더 빨리 즐거움을 느낀다. 이러한 선순환을 통해 아이는 주도적 자기 학습 행동 모델을 갖게 된다. 그리고 부모가 아이에게 공부를 강요하거나 가르쳐주지 않아도 아이 스스로 공부하고 계속해서 발전해 나간다.

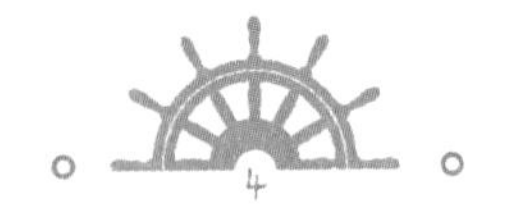

4

감사의 씨앗을 뿌리자

'출발선에서 뒤처지지 않겠다.'는 생각은 현대 부모들의 확고한 신념이다. 이 때문에 많은 부모들이 아이의 두뇌개발에 목숨을 걸고, 아이의 성적을 다른 무엇보다도 중요하게 생각하지만 '두뇌 외적인 요소'를 키워주는 것은 소홀히 한다. 성적은 물론 중요하다. 하지만 인생의 성공과 실패를 결정하는 핵심은 바로 EQ와 인격이다. 아이가 자라는 과정에서 아이가 지식과 기능을 습득하는 것도 중요하지만 아이가 인생관, 세계관을 기를 수 있는 교육을 받는 것이 더 중요하다. 특히 아이가 어릴 때부터 감사의 미덕을 알고 감사할 줄 아는 마음을 갖는 것이 무엇보다도 중요하다.

감사는 올바른 행동을 하게 하는 비옥한 토양과도 같아, 어릴 때부터 감사할 줄 아는 마음을 길러주는 것은 자녀 교육의 핵심이며,

이는 부모의 의무다.

그러나 지금, 부모들은 아이에게 예절과 처세를 가르칠 때 일반 상식만 알아도 도리에 크게 어긋나지 않으면 상관없다고 생각한다. 부모들은 아이가 감사하는 마음을 갖도록 하는 것은 소홀하다. 좋은 환경에서 자란 아이들은 먹는 것, 입는 것, 노는 것, 사랑 모두 부족함이 없는데 정작 선량한 마음이 부족하여 다른 사람의 사랑을 감사할 줄 모르고, 부모와 가족, 친구를 사랑하는 법을 모른다. 또 다른 사람에게 연민을 갖고, 봉사하고 사회에 의무를 다하는 법을 모른다. 현실 속에서 우리는 많은 아이들이 부모가 피땀 흘려 번 돈을 아무 생각 없이 물 쓰듯 쓰는 것을 본다. 하지만 아이는 부모의 희생에 대해서 감사하다는 생각도 하지 않고 친구의 사소한 도움도 감사할 줄 모른다. 오히려 자기 뜻대로 되지 않으면 떼를 쓰고 화를 내고 마음에 들지 않는다고 불만만 가득하다. 이런 일이 계속 반복되면 어떻게 될까?

감사는 사람의 선한 본성을 보여준다. 아이가 감사하는 법을 배우면 주변 사람과 주위에 관심을 갖게 된다. 감사는 삶의 태도이며, 사람이 갖춰야 하는 좋은 품격이다. 사람과 사람 사이에 감사의 마음이 부족하면 대인 관계는 시들해질 수밖에 없다.

감사에는 책임감이 수반된다. 감사를 모르는 아이는 책임감이 없고, 타인에게 관심도 없고 도와줄 생각도 하지 않으며 사랑에 보답하기 위해 고통을 감수하기를 원하지 않는다. 이런 사람이 다른 사람의 마음을 헤아릴 수 있을까? 감사하는 마음이 부족해지면 '할 수 없다.'는 생각이 아이 마음에 점점 쌓여가고 아이는 우울하게 자랄 수 있다.

감사의 마음은 우리가 말하는 양심이다. 다른 사람이 베풀어 준 것은 안중에 없고 오히려 보답은커녕 은혜를 원수로 갚을 때 우리는 그가 양심이 없다고 말한다. 왜냐하면 그는 감사할 줄 모르는 사람이기 때문이다. 모든 사람이 감사하는 마음을 갖고 있다. 하지만 왜 아이는 부모의 사랑을 당연한 것으로 받아들이게 된 것일까? 왜 아이는 부모의 고생은 안중에 없고, 부모가 아플 때는 본척만척 하는 것일까? 이 문제도 자녀교육의 문제로 볼 수 있다. 우리는 우리 스스로부터 변해야 한다. 자녀교육을 할 때 언제든 아이의 마음에 감사의 씨앗을 뿌리고 감사하는 마음을 길러주어야 한다.

먼저, 과분한 사랑을 자제하라. 과분한 사랑을 베풀면 아이는 감사하는 마음을 가질 수 없다. 마음속에 감사를 모르는 아이는 사람에게 쉽게 짜증내고 분노한다. 그러면 아이의 인생관과 가치관도 왜곡되고 삶 자체가 의미가 없어진다. 감사를 모르고, 올바른 인생관과 가치관이 없고 냉소적인 사람이 아름다운 미래를 만들어나갈 수 있을까?

부모는 아이를 사랑하는 마음을 내려놓지 않으면서 원하는 걸 모두 들어주어서는 안 된다. 삶의 소소한 일상을 통해 아이가 '내가 가진 것은 당연하게 주어진 것이 아니며, 결국 누군가가 희생하고 베풀었기에 주어지는 것이다.'라는 사실을 인지시켜야 한다. 그래서 자기가 가진 것을 희생할 줄도 알고 남에게 베풀 줄도 알아야 한다.

둘째, 아이에게 효도하는 마음을 길러주어라. '모든 선행 가운데 효가 가장 으뜸이다百善孝爲先'라는 말이 있다. 자기 부모조차 존경하지 않고 감사할 줄 모르는 사람은 타인과 사회에 감사할 줄 모른다.

물론 아이가 효심을 가지려면 부모가 먼저 솔선수범을 보이고 아이에게 영향을 주어야 한다. 일이 아무리 바쁘고 집안일이 많아도 짬을 내어 아이를 데리고 부모님을 찾아뵈어야 한다. 부모님 가까이 살지 않으면 매년 정기적으로 아이를 데려가 찾아뵙고 전화를 자주 걸어 안부를 묻는다. 부모님께 안부 전화를 드리고 아이도 할머니, 할아버지와 통화하게 하여 정을 쌓아야 한다. 당신의 행동과 부모와의 사랑은 알게 모르게 아이의 감사하는 마음에 영향을 준다.

셋째, 남에게 감사하고, 행동을 통해 아이에게 보여주라. 다른 사람의 잘못을 용서하고 다른 사람이 베풀어준 것에 감사해야 한다. 특히 아이 앞에서 다른 사람과 싸우거나 냉랭한 모습을 보여주어서는 안 된다. 왜냐하면 아이는 부모의 모습을 보며 사람과 사람과의 관심과 우정이 사실 다 거짓이라고 오해할 수 있기 때문이다.

부모는 아이가 생활 형편이 나쁘거나 어려운 일을 겪은 사람들을 이해하고 공감할 수 있도록 가르쳐야 한다. 아이를 데리고 복지원에 가서 고아들을 만나게 하거나 TV를 통해 멀리 빈곤한 지역의 열악한 학습 환경을 보게 하는 방법도 있다. 아이들은 이런 경험을 통해 놀라움과 동시에 자신이 가진 것에 감사할 줄 알게 된다.

사랑은 일방적인 것이 아니다. 아버지의 사랑, 어머니의 사랑, 스승의 사랑, 친구의 사랑 모두 양방향이다. 부모가 아이에게 관심과 사랑을 주면서 아이가 어릴 때부터 감사하는 마음을 갖도록 교육하고 책임감을 길러주면 아이는 다른 사람에게 관심을 갖고 사랑을 베풀고 남을 돕는 마음이 생길 것이다. 아이가 타인의 도움에 감사할 때 도움이 필요한 사람에게도 관심을 갖게 된다.

아이가 감사할 줄 아는 마음을 갖게 되면 행동에 옮기게 해야 한다. 감사의 표현은 아이를 올바른 사람으로 만들어주고, 아이의 세상을 좀 더 아름답고 따뜻하게 만들어줄 것이다.

5

아이에게

남을 사랑하는 능력을 길러주라

세상에 자기 아이를 사랑하지 않는 부모는 없다. 부모의 사랑은 넓고 깊다. 부모는 대가를 바라지 않지만 아이는 부모에게 어떤가? 부모인 당신은 자녀의 사랑을 느꼈는가?

이 질문을 듣고 부모들은 당황한다. "사랑은 그냥 베푸는 것이죠. 아이에게 사랑의 대가를 기대한 적은 없어요." 우리는 아이의 성적과 공부 이야기를 하면 이야기가 끊임없지만, 아이가 남을 사랑할 수 있는 능력을 가졌는지 질문을 하면 대부분의 부모들이 말문이 막힌다. 우리는 사랑이 아이의 성공과 행복에 얼마나 중요한지 생각해 본 적이 있을까?

사랑은 가족의 행복의 기초이며, 부모가 아이를 사랑하고 아이 역시 부모를 사랑하는 법을 아는 가정이 진정한 행복과 기쁨을 느낄 수 있다. 사랑은 자아 가치의 표현이다. 아이가 다른 사람이 자신을 필요로 하고 자신의 사랑이 다른 사람으로부터 이해 받는다고 느낄 때 그로 인한 기쁨은 부모의 사랑보다 훨씬 더 크다.

사랑은 성공의 기초이자 행복의 원천이다. 사랑할 수 있는 능력을 갖게 되면 인생이 아름답게 느껴지고, 선생님의 지적, 친구들의 지적, 엄마의 잔소리, 아빠의 훈계도 사랑이라고 생각한다. 사랑의 교육으로 아이는 다른 사람을 적극적으로 돕는 법과 다른 사람을 포용하고 연민을 갖는 법을 배운다. 남을 사랑할 수 있는 능력은 아이의 성공과 가족의 행복을 결정한다.

> 한 엄마가 아이에게 과자를 사주었다. 아이는 과자를 집어먹으며 엄마에게 먹어보라는 이야기를 하지 않았다. 엄마가 "엄마도 먹고 싶어. 하나만 줄래?"라고 하자, 아이는 "싫어요."라고 대답했다. 그래서 엄마는 일부러 아이 손에 든 과자를 날름 먹었는데, 아이가 불같이 화를 내며 엄마에게 "당장 뱉어요, 뱉어."라고 말했다. 엄마는 너무 당황스러웠다. "정말 양심도 없구나. 내가 그렇게 잘해주고 네가 하자는 대로 하는데 맛있는 게 있으면 항상 먼저 주었는데, 너는 엄마에게 잘하는 법을 전혀 모르는구나. 앞으로 커서 뭐가 될 지 걱정이다."

이 엄마의 탄식을 우리는 흘려들어서 안 된다. 우리도 이 이야기에 경각심을 가져야 한다. 왜 우리의 아이는 사랑만 받을 줄 알고 베풀 줄은 모르는 것일까? 사실 아이만을 탓할 수는 없다. 부모가 너무 아이에게 무한한 사랑만 줬을 뿐 사랑하는 법을 알려주지 않았기 때문이다.

사랑하는 마음은 아이의 천성이며, 아이는 태어난 순간부터 선한 마음과 연민을 가지고 있다. 돌 전 아기는 다른 사람의 감정에 반응한다. 다른 아기가 울면 따라 운다. 두 돌 아기는 다른 사람이 우는 것을 볼 때 자기가 좋아하는 물건을 건네며 위로를 한다. 대여섯 살이 된 아이는 우는 친구를 어떻게 달래야 할지 잘 안다. 이 모든 행동이 사랑하는 마음을 자연스럽게 표현한 것이다. 하지만, 나이가 들수록 우리의 아이들은 사랑하는 마음이 점점 사라진다.

첫째, 지금 부모들은 예절이나 품성보다는 머리 좋고 공부를 잘하는 것을 더 중요하게 생각한다. 아이에게도 가장 중요한 것은 지식을 습득하는 것이라고 가르친다. 아이가 다른 사람보다 똑똑하고 뛰어난 것이 중요하지 다른 가치는 중요하지 않다고 말한다.

둘째, 부모는 아이에게 생명에 대한 경외감과 사랑하는 마음을 가르치는 데 소홀하다. 그 결과 아이는 사랑이 뭔지 모르고, 사랑을 어떻게 표현해야 할지 모른다. 그리고 사회와 타인에게 베풀어야 한다는 생각조차 하지 않는다. 부모에 대해서는 "나를 낳았으나 나를 온전히 책임져야 한다."고 생각한다. 결국 아이는 사랑의 능력과 책임을 상실하고, 사랑, 이해, 감사를 할 줄 모른다.

사랑은 양방향의 정서적 교감이다. 사랑을 받으면 다른 사람을 사랑할 줄 알고, 다른 사람을 사랑하는 과정에서 사랑을 주는 능력을 키우고 베품의 즐거움과 사랑의 행복을 느낄 수 있다. 만일 부모가 일방적으로 아이에게 사랑을 베풀기만 하고 아이에게 사랑을 베푸는 법을 가르쳐주지 않으면 그는 다른 사람을 사랑할 때 행복을 느낄 수 없고, 결국 남을 사랑하는 능력을 기르지 못하게 된다. 부모가 아이에게 사랑하는 능력을 키워주지 못하면 아이는 사랑을 주는 법을 모르는 사람이 되고, 지나친 관심과 사랑을 받고 있지만 좌절을 견딜 수 있는 능력을 상실한다. 심지어 아이는 자기 뜻대로 되지 않으면 가출하기도 하고 목숨을 소중히 여기지 않거나 다른 사람에게 복수를 하는 등 자신의 행동이 타인에게 가져올 고통을 전혀 생각하지 않을뿐더러 부모의 무한한 희생도 감사할 줄 모른다.

'사랑'은 인류 사회의 꼭 필요한 요소다. 아이에게 우리는 사랑을 주는 한편 다른 사람을 사랑하는 법을 알려주는 것도 중요하다. '사랑을 주는 것'과 '사랑을 받는 것' 이라는 두 가지 가치가 공존하는 환경에서 우리의 다음 세대가 건강히 성장할 수 있다. 그래서 부모는 자녀에게 사랑을 줄 때 '사랑을 베푸는 마음 교육'을 해주어야 한다.

첫째, 우리는 아이에게 어버이날, 스승의 날, 부모님 생일 등 행사를 꼭 알려주어 아이가 사랑을 표현할 수 있게 해야 한다. 사랑의 표현은 결코 거창한 것이 아니다. 행복을 바라는 말 한마디, 직접 만든 작은 선물, 마음을 가득 담은 물 한잔, 소소한 심부름이나 가사일 등이 아이가 사랑을 베풀 수 있는 방법들이다. 부모는 아이가 사랑을 베푸는 것을 칭찬하고 아이가 베품의 기쁨을 느낄 수 있게 해야 한다.

둘째, 일상생활 속에서 아이의 사랑하는 능력을 길러주라. 예를 들면 버스나 지하철에서 자리를 양보하거나, 넘어진 친구를 부축이거나, 재난 지역에 성금을 하거나, 혼자 사는 노인을 찾아가 위로하는 방법들이 아이가 남을 사랑하고 남을 도우는 마음을 키워줄 것이다.

셋째, 사랑을 주는 행동을 통해 아이를 가르치자. 예를 들면 물건을 주우면 바로 주인을 찾아주고, 이웃집 아줌마를 도와 물건을 들어드리고, 다른 사람의 실수는 진심을 담아 이야기 해주는 것이다. 부모가 언제 어디서나 보여준 사랑의 행동은 아이가 사랑하는 법을 배우는 길잡이가 될 것이다. 부모의 말과 행동을 통한 교육으로 아이의 사랑은 훨씬 더 강해질 것이다.

넷째, 아이의 사랑을 받아라. 아이가 우리를 위해 설거지를 해줄 때, 아이가 물을 따라줄 때, 아이가 가장 좋아하는 초콜릿을 나누어 줄 때 이를 기쁘게 받아들이고 고마움을 표시하라. 당신의 칭찬과 격려는 아이 스스로 에너지와 자신감을 느끼게 해주고, 받은 사랑으로 자신의 삶 그리고 주위 사람들에게 더 열정적으로 변할 것이다.

그리고 아이가 무언가를 먹고 있을 때 이렇게 말하는 부모도 있다. “나 하나만 줄래?” 아이는 즐겁게 “네.” 하면서 하나를 집어 건넨다. 부모는 말한다. “아이고, 내 새끼 착하네, 고마워, 엄마는 안 먹어도 돼, 너 먹어.” 얼핏 보기에는 아이에게 나눔의 교육을 시키는 것 같지만 결과는 반대다. 아이는 어른들의 언어 세계가 이상하다고 생각하고 다른 사람과 나눔의 이치를 알지 못한다.

다섯째, 때로는 나약한 척 할 필요가 있다. 아이에게 사랑을 베풀 기회를 주자. 사랑이라는 이름으로 아이의 모든 것을 독점하거나 아이가 사랑을 베풀 기회나 권리를 빼앗으면 안 된다. 아이가 집안일을 돕게 하고, 아이와 함께 음식도 만들고, 아이에게 부모도 어렵고 힘들 때가 있다는 사실을 알려주어야 한다. 아이는 부모의 마음을 알고 자기가 얼마나 중요한 사람인지 깨닫게 된다. 그리고 부모에게 감사하면서 더 노력해서 부모님의 사랑에 보답해야 한다는 생각을 한다.

여섯째, 아이에게 타인을 존중하고 감사할 줄 아는 마음을 가르쳐라. 미국 심리학자 올포트Gordon W. Allport 는 ‘자아실현이론’에서 ‘동점심과 생명에 대한 사랑을 가지는 것’을 건강한 마음의 표준이라고 했다. 심리학자 매슬로Abraham.Harold.Maslow 역시 ‘자아실현 이론’에서 ‘아름다운 인생’을 강조하면서 사랑하는 마음을 갖고 협력할 줄 알고 지식을 탐구하면 사람의 잠재력을 무궁무진하게 끌어낼 수 있다고 말했다. 우리가 아이에게 사랑하는 능력을 길러주지 않으면 아이는 안정감, 사랑, 존중하는 법을 잊어버리고 자아실현을 하기 어렵다. 건강한 마음과 인격을 가졌을 때 사랑을 받을 수도 줄 수도 있다. 그래서 부모는 아이에게 아름다운 미래를 만들어주기 위해서 노력하는 한편 아이가 사랑하는 능력을 키울 수 있도록 해야 한다.

"아이의 마음은 아무것도 심지 않은 땅이다. 무엇을 심느냐에 따라 다른 열매를 맺는다." 아이가 소중함과 사랑을 모르는 것은 부모가 아이의 마음에 사랑의 씨앗을 심지 않았기 때문이다. 우리는 자신의 말과 행동을 직시하고 부족한 부분을 고쳐나가고 스스로 책임을 다해야 한다. 우리는 지금부터 아이의 마음속에 사랑의 씨앗을 뿌리고, 사랑을 길러주고 사랑을 전파해야 한다. 우리는 최선을 다해 아이에게 사랑하는 마음을 길러주고 사랑을 이해하고 받아들이는 법과 사랑을 발견하고 베푸는 법을 알려주어야 한다.

사랑은 일종의 능력이다. 사랑을 배우면 아이는 더욱 강인해지고 선해진다. 부모가 일상 속에서 아이에게 사랑의 모범이 되면, 사랑의 씨앗이 아이의 마음속에서 싹을 틔우고 무럭무럭 자란다. 사랑의 힘은 그의 성품을 온전히 발전시켜 아이는 더 밝고 찬란한 미래를 맞이할 수 있다.

감사는 최고의 자비이다.

감사하는 마음을 갖게 되면

깨달음을 얻고 에너지가 향상되어

나와 아이 모두 가치 있는 수확을 할 수 있다.

마음가짐
10

바른 생각 전달하기

긍정적인 마음을 전달하자

- 무형의 연결
- 에너지를 주는 것은 받는 것에서부터 시작한다
- 부모와 아이의 연결은 모든 연결의 기초다
- 감사는 최고의 자비다

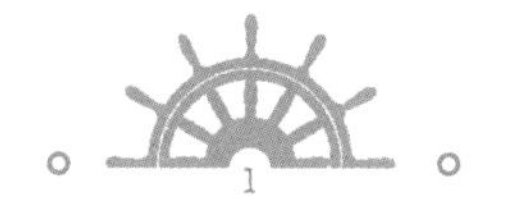
1

무형의 연결

1997년, 세계 40여 개국 기자, 학자, 과학자와 엔지니어를 대상으로 발행하는 과학 잡지에서 한 실험 결과가 발표되었다. 많은 물리학자들의 예상을 뒤집은 결과였다.
이 실험은 하나의 광자를 둘로 나누어 같은 특성을 가진 '쌍둥이 광자'를 만들어, 전용 장치를 통해 두 광자를 서로 반대 방향으로 발사하는 실험이었다. 먼저 연구팀은 '쌍둥이 광자'를 신호를 전송할 수 있는 광케이블 통로 두 개가 들어 있는 특수 장치에 넣었다. 광자는 반대 방향을 향해 각각 1만 미터씩 뻗어나가 서로 떨어진 총 거리는 2만 미터가 되었다. 각각 1만 미터 씩 이동한 후에 광자는 두 갈래로 나뉜 길 중 하나를 임의로 '선택'해야 했다.
이 실험은 굉장히 흥미진진하다. 두 광자는 한 번의 예외도 없이 항상 같은 선택을 했다.

이 실험 결과는 학계에 충격을 주었다. 기존 이론상으로는 광자가 서로 분리되어 있어 소통을 할 수 없지만 실험 결과는 전혀 달랐다. 두 입자는 마치 계속 신호를 주고받고 서로 연결된 것처럼 행동했다. 물리학자는 이 기이한 연계를 '양자중첩성quantum entanglement'이라고 명명했다.

사실, 이 실험을 진행하기 전에 아인슈타인도 비슷한 이론을 말한 적이 있다. 그는 이런 결과가 발생할 가능성을 '원거리 유령 작용spooky action-at-a-distance'이라고도 표현했다. 그렇다면 두 개의 광자가 마치 하나의 존재인 것처럼 같이 움직인 이유는 무엇일까? 과거 우리는 무엇을 놓친 것일까?

1993년 〈어드밴시스Advances〉에서 발표한 연구 보고의 내용도 흥미진진하다. 미군이 감정 DNA를 인체에서 분리한 후 인체와 연계하는 실험을 진행했다. 연구자는 먼저 피실험 대상자의 구강에서 DNA와 조직 샘플을 채취하고, 샘플을 피실험자와 수십 미터 떨어진 장소로 옮겼다. DNA를 특수 장치에 넣어 이 DNA가 피실험자의 정서에 영향을 주는지를 분석했다. 현대 과학 이론으로 봤을 때 있을 수 없는 일이다.

실험이 시작되고, 연구자는 피실험자에게 영화를 보여주었다. 공포영화, 전쟁 영화, 코미디 영화를 보여주고 피실험자가 단시간 안에 다양한 종류의 감정 변화와 체험을 하게 했다. 피실험자가 영화를 볼 때 연구자는 다른 지역에서 그의 DNA 반응을 관찰했다.

실험 결과는 놀라웠다. 피실험자의 감정 변화가 '최고조'나 '바닥을 칠 때' 그의 세포와 DNA는 동시에 강렬한 전류 반응을 보였다. 테스트 샘플과 피실험자간 거리가 수십 미터에 이르렀지만 샘플은 마치 피실험자의 옆에 있는 것처럼 반응했다.

실험은 살아 있는 생명의 조직 사이에 과거 우리가 알지 못했던 에너지가 존재하고 그의 DNA가 이 에너지를 통해 소통한다는 것을 증명했다. 사람의 감정은 자신의 DNA에 직접적인 영향을 줄 수 있다는 이야기다. 우리의 세포가 어디에 있든 계속 살아 있는 상태라면 우리 곁에 있는 것처럼 우리의 감정을 느끼고, 우리의 감정 변화에 따라 함께 변한다. 동시에 DNA는 주변 물질세계에 영향을 준다.

이 실험으로 우리는 가족들이 중대한 사고나 불행한 일을 겪으면 자신도 모르게 마음이 불안한 이유를 어느 정도 알 수 있다. 예를 들어 야채를 썰고 있거나 바느질을 할 때 걱정스러운 마음에 순간 칼이나 바늘을 잘못 다루어서 손에 상처가 나는 경우도 있다. 사람과 사람 사이 특히 부모와 자식 간에는 보이지 않는 연결고리가 있다.

어느 날 아침, 증자가 나무를 베려고 산으로 올라갔다. 그가 집을 나서자마자 친구가 그를 찾아왔다.
옛날에는 사람들이 서로 만나는 일이 결코 쉽지 않았다. 오직 두 다리에 의존해 산 넘고 물 건너서 찾아가야 했다. 통신 설비가 없고, 편리한 교통수단이 없던 시절 누군가와 연락하고 만나는 일은 결코 쉽지 않았다. 우리의 조상들은 직접 만나는 일을 이렇게 표현했다. "친구가 멀리서 찾아오니 어찌 기쁘지 않을 수 있겠는가有朋自遠方來, 不亦樂乎"

친구는 천리 길을 마다하고 증자 집으로 왔다. 하지만 증자가 산에 땔감을 구하러 갔기 때문에 만날 수가 없었다. 증자가 구체적으로 어느 쪽에서 나무를 베고 있는지도 모르고, 전화나 핸드폰이 없던 시절이었기에 친구는 증자와 어떻게 만나야 하는지 난감했다.

다급한 나머지 증자의 어머니는 자신의 손가락을 깨물었다. 얼마 후 증자는 긴장이 역력한 표정으로 숨을 헐떡거리며 집으로 들어왔다. 지금도 인구에 회자되는 〈이십사효二十四孝〉의 '어머니의 손가락을 깨물자 아들의 마음이 갑자기 아파왔다. 땔감을 구해 서둘러 돌아오니, 골육지정은 깊고도 깊었다'의 한 대목이다.

모든 사람은 아버지와 어머니로부터 DAN를 물려받았다. 부모는 자식과 가장 가까운 사람이다. 증자와 그의 어머니처럼 부모와 자식 간에는 설명하기 어려운 불가사의한 연결이 존재한다. 그래서 아이의 성장에서 부모가 아이에게 가장 많은 영향을 주는 것이다.

에너지를 주는 것은 받는 것에서부터 시작 한다

인류 사회는 자손 대대로 생명을 이어오고 있다. 아이는 부모와 조상으로부터 받은 유전자를 통해 생명의 에너지를 유지한다. 우리가 이 세상에 처음 받은, 가장 큰 에너지 원천은 바로 부모다.

뉴턴의 제 3의 법칙에서도 증명된 바와 같이 두 가지 물체 사이의 작용과 반작용은 동일 선상에서 동시에 이루어진다. 크기는 같지만 방향은 반대다. 아이와 부모의 관계 또한 마찬가지다. 아이가 부모를 편안하게 받아들일 때 가족의 긍정적인 에너지를 얻을 수 있다. 아이가 부모를 인정하지 않으면 그 결과는 아이에게 반작용을 일으킨다. 즉, 사람이 자신의 부모를 거부하면 에너지가 이어지는 것을 가로막는다. 이는 자기 스스로가 자신을 거부하는 것과 같다.

먼저 부모를 받아들이고 이해하고 인정하면 자신도 발전할 수 있다.

한 여성 기업가는 십년 전에 혼자 광저우에 와서 미용 사업을 시작했다. 몇 년 후 그녀는 세계적인 제품의 판매대행권을 얻어 회사를 설립했다. 불과 몇 년 만에 그녀가 판매하는 제품의 매장은 전국에 300여 개로 늘어났다. 사업은 날로 승승장구했고 조직이 커졌지만 그녀는 알 수 없는 공허함을 느꼈다.
그녀는 편부모 가정에서 자랐다. 지금까지 아버지의 얼굴을 한 번도 본 적이 없지만 엄마는 딸에게 최선을 다했다. 하지만 어릴 때부터 그녀는 엄마에게 왠지 모를 거리감을 느꼈다.
사업이 성공한 후 그녀는 엄마가 혼자 고향에 머무는 것이 싫어 엄마에게 광저우로 와서 같이 살자고 권했다. 하지만 엄마는 적응이 잘 안 된다는 이유로 고향으로 돌아갔다. 물론 함께 생활할 때 두 모녀는 자주 다퉜다. 그녀는 질서 있고 깔끔한 스타일이라 물건을 순서대로 넣고 늘 청결을 유지하는 편인데 엄마는 물건을 아무렇게나 두었고, 심지어 다 쓴 물건도 계속 버리지 않았다. 물건들이 점점 늘어가면서 넓은 집도 꽉 찬 느낌이 들었다. 그녀와 엄마 사이의 갈등은 점점 커졌다. '만나는 것보다 그리워하는 편이 낫다.'는 말이 있는 것처럼 세상에서 제일 가까운 엄마지만 그녀는 엄마와 함께 지내면서 어떻게 해야 할지 몰랐다. 늘 마음과 다르게 행동했다. 그녀는 마음 깊이 엄마를 사랑했지만 동시에 엄마에게 묘한 거부감도 있었다.
이 문제로 그녀는 나를 찾아와 상담을 받았다. 다음은 그녀가 떠올린 기억이다.

"한 엄마가 태어난 지 얼마 안 되는 아이를 병원 쓰레기통에 버렸어요. 쓰레기통 주변에는 모기떼가 윙윙거리고 있었어요. 모기가 아기의 오른쪽 발가락을 물자 아기는 온힘을 다해 울었어요. 아이의 울음소리는 저 멀리 폐지를 줍고 있던 여성의 귀에 들렸고, 그녀는 즉시 달려와 쥐와 모기를 쫓아내고 아이를 안았습니다. 이 불쌍한 아이를 본 그녀는 아이를 품에 안고 집으로 데려갔어요."

이 여성 기업가는 눈앞의 광경을 설명하며 끝없이 울었다. 나는 그녀에게 물었다.

"폐지 줍는 여자가 누구인가요?"

그녀는 대답했다.

"저희 어머니세요"

나는 이어서 물었다.

"버려진 아기는 누구인가요?"

"저예요."

그녀는 울면서 오른쪽 양말을 벗었다. 오른쪽 발가락에는 선명한 상처자국이 있었다.

원래 그녀는 어머니를 요양원에 보내려 했다. 요양원에 가면 어머니가 간병인의 돌봄을 받을 수 있고, 엄마와의 생활 방식의 차이로 빚어진 갈등을 피할 수 있다고 생각했다. 수업을 다 들은 후 그녀는 하고 있는 일들을 접고 고향으로 돌아갔다. 그녀는 어머니에게 큰절을 하고 오랫동안 길러준 것에 고마움을 표시했다.

그녀는 어머니에게 진심으로 감사했고 자신의 마음 깊이 어머니를 받아들이기 시작했다. 우리가 진심을 담아 어떤 사람을 받아들이면 그의 생각, 습관 등을 인정할 수 있다. 그녀가 다시 어머니를 집으로 모시고 왔을 때는 예전과 많이 달라졌다. 두 모녀 사이의 갈등이 사라지고, 그녀는 어머니와 함께 행복한 나날을 보냈다. 그녀의 이야기를 듣고 그 자리에 있던 사람들은 그녀와 그녀의 어머니의 행복을 빌어주었다.

우리는 가족 에너지가 순조롭게 계승되려면 부모 자식 간의 연결이 꼭 필요하다는 사실을 알아야 한다. 이 연결은 직감과 타고난 감지 능력이 필요하다. 직감과 감지능력은 감정을 기초로 하고, 감정의 발생은 받아들이는 것부터 시작한다. 즉, 자녀가 부모를 받아들이고, 부모도 자녀를 받아들이면 연결 통로가 생겨 가족의 에너지가 올바른 방향으로 이동한다.

가족의 긍정적인 에너지 계승은 받아들이는 것부터 시작해야 한다. 만일 부모와 아이 사이의 연결이 끈끈하지 않다면, 아이와의 소통에 장애가 발생한다. 만일 나와 아이 사이의 연결을 재정비하고 싶다면 나 스스로부터 변해야 한다. 우리가 존중과 사랑을 아이에게 주고, 온 마음으로 아이를 받아들이면 아이도 온 마음을 다해 우리를 받아들이고 효도할 것이다. 우리와 아이가 조건 없는 사랑을 바탕으로 서로를 받아들일 때 가족의 에너지는 우리의 삶을 더욱 빛나게 하고 발전시킨다.

부모와 아이의 연결은 모든 연결의 기초다

직장과 가정환경이 훌륭한 한 부부가 여기 있다. 누가 봐도 행복한 가정으로 보이지만 그들 부부는 딸 때문에 고민이 많다. 딸이 걸핏하면 자살하고 싶다고 하기 때문이다. 딸을 충분히 만족시키고 있다고 생각하는데 왜 딸은 행복하지 않은 것일까? 딸은 부모가 자기에게 관심이 없기 때문이라고 답했다. 딸의 대답에 부부가 얼마나 놀랐을지 짐작이 된다.

부모의 생각과 아이의 생각에 왜 이렇게 큰 차이가 날까? 그 이유는 부모와 자식 간의 연결고리가 끊어졌기 때문이다. 사람과 사람 사이에는 연결고리가 있다. 이 연결은 사실 마음의 연결이다. 부모는 매일 아이와 함께 있지만 아이와 정서적 교감을 하지 못하면 아이에게 아무리 잘 해줘도 아이는 행복하지 않다. 부모와의 연결이 부족한 아이는 부모가 자신을 이해하지 못한다고 생각하고 자신을 믿지 못한다. 그래서 아이는 자신을 가두기 시작하고 마음을 보여주지 않는다. 성인이 되면 아이는 더 이상 자기 생각을 부모에게 이야기하지 않는다. 일단 아이와 부모의 연결이 끊어지면 나무의 뿌리가 잘린 것처럼 생명의 성장에서 필요한 든든한 버팀목이 사라져 버린다.

스물아홉 살의 황은 남자친구와 싸운 후 다량의 수면제를 복용해 자살을 시도했다. 다행히 그녀는 곧바로 발견되어 병원으로 이송되었고, 의사의 도움으로 결국 깨어났다. 퇴원 후 그녀는 어머니와 함께 나를 찾아왔다. 당시 그녀는 짙은 색의 알이 큰 선글라스로 자신의 눈을 가렸고, 긴 머리로 얼굴의 반을 덮었다. 안타까워하는 엄마 옆에서 그녀는 고개를 숙이고 아무 말도 하지 않았다. 엄마는 눈이 빨갛게 충혈되었고 딸의 손을 꼭 잡았다. 마치 그 손을 놓으면 잃어버릴 것만 같은 표정이었다. 어머니가 그녀를 얼마나 애틋하게 생각하는지 알 수 있었다. 딸을 지켜보면서 얼마나 상심이 컸을까. 자식의 이런 모습은 그 어떤 엄마에게도 큰 충격이다. 아마 참담한 심정일 것이다.

과거의 이야기를 털어놓기 시작하면서 황은 반장이 되지 못한 것, 시험 성적이 나빴던 일, 실연당한 일 등 지금껏 살면서 뜻대로 되지 않았던 일들을 떠올렸다. 그녀의 이야기를 들으며 어머니는 놀란 표정을 감추지 못했다. 어머니는 잘 지낸다고 생각한 딸이 이런 마음을 갖고 있었고 항상 옆에 있었던 자신이 그 마음을 전혀 눈치 채지 못했다는 사실에 괴로워했다.

나는 그녀에게 물었다.

"무슨 소리가 들리나요?"

그녀는 너무 두려움에 떨면서도 체념하듯 말했다.

"누군가 싸우고 있어요."

"누가 싸우나요?"

"엄마와 아빠요."

"왜 싸우나요?"

"아빠가 바람을 피웠어요. 그래서 엄마가 상처를 받았어요. 엄마는 아빠를 위해서 최선을 다했지만 아빠는 동창이랑 외도를 했어요. 엄마는 인생이 실패했다며 사는 게 죽는 것보다 못하다고 생각했어요."

나는 그녀에게 엄마의 감정을 느껴보고, 당시 엄마의 심경을 생각해보라고 했다.

"엄마는 수면제를 먹고 목숨을 끊으려고 했는데, 나중에 가족의 만류로 결국 먹지 않았어요."

나는 옆에서 아무 말도 못하고 있는 어머니에게 말했다.

"저 말이 다 사실인가요?"

어머니는 대답했다.

"네, 사실입니다. 남편이 바람이 났고, 저는 정말 상심했어요. 받아들이기 힘든 현실이었죠. 그래서 수면제를 먹으려고 했어요. 나중에 남편이 후회를 하며 반성했고, 그 뒤로는 한 번도 그런 일이 없었어요. 그런데 그때 제 모습이 아이에게 생명을 소중히 하지 않는 마음을 심어줄 거라고는 상상조차 해 본 적이 없어요."

딸의 모습을 보며 어머니는 자신이 아이에게 준 상처를 진심으로 후회했다.

최근 몇 년 동안 여러 상담을 하면서 아이의 많은 행동이나 습관이 부모의 생각의 영향을 많이 받는다는 생각을 했다. 어른들의 나쁜 생각과 올바르지 못한 생각이 자신도 모르게 아이에게 전해지고 아이의 품성, 삶과 운명에 많은 영향을 준다.

내면이 외면을 결정한다. 한 사람이 마음 깊은 곳부터 기쁨을 느끼면 진정한 즐거움을 얻을 수 있다. 부모는 자신이 아이에게 줄 수 있는 영향을 인식하고, 스스로에게 엄격하며 모범을 보여야 한다. 올바른 삶의 태도와 생활 방식으로 좋은 친자 관계를 형성하고, 아이에게 긍정적인 에너지를 물려주어야 한다. 그러면 우리 아이는 인격을 완성하고 에너지를 향상시켜, 건강한 대인 관계 연결망을 만들고 자신 있게 나아갈 수 있다.

4

감사는 최고의 자비다

사람은 혼자서 존재할 수 없고 가족과 필연적으로 연결되어 있다. 모든 가족은 각각의 생명 주파수가 있어 성격, 생각, 행위, 질병, 해로운 것은 피하고 이로운 것을 추구하는 방법 등 선대의 유전 정보를 계속 전송한다. 이것이 우리가 늘 말하는 유전자다. 부모는 가족과 다음 세대를 연결하는 연결고리다. 즉, 우리의 미래는 우리와 부모의 관계에서 출발한다. 부모가 자기 부모에게 불효를 하면 가족 간 연결고리는 사라지고 아이가 자라면서 필요한 에너지 공급원도 잃게 된다.

가족 구성원 간에 생긴 일은 우리 자신과 아이의 삶에 고스란히 나타난다. 아이가 행복한 인생을 살기를 바란다면 부모는 아이와 가족 에너지가 서로 연결될 수 있는 계승자 역할을 성실히 해야 하며, 이는 아이의 성장에 매우 중요하다. 아이를 키우면서 부모는 자신의 말과 행동을 고치고, 아이를 위해 좋은 환경을 만들어주는 것 외에도 자신과 부모님과의 좋은 관계도 유지해야 한다. 이렇게 하면 가족 에너지의 연결이 끊어지지 않는다.

캐나다 이민자인 한 청강생의 아들은 자폐증 진단을 받았다. 아들을 치료하기 위해서 그녀는 캐나다에서 많은 돈을 쓰며 권위 있는 심리학자를 찾았다. 하지만 그들 모두 아이가 나을 수 없다고 말했다. 그녀는 상심하지 않고 심리학을 비롯한 의학 지식을 혼자 배우기 시작했다. 자폐증 아들은 6번이나 학교를 옮겼다. 결국 캐나다 정부가 그녀에게 개인 교사를 지원해주었다. 아들을 위해 그녀는 할 수 있는 모든 것을 다 했지만 아들의 상태는 호전되지 않았다. 이 사실은 그녀를 힘들게 했다. 그녀는 이렇게 말했다.

"정말 인생 최대의 고비였어요."

나중에 그녀는 동생의 추천으로 캐나다에서 내 수업을 듣기 위해 들어왔다. 수업에서 그녀는 나에게 아이의 문제가 무엇인지 물었다. 나는 그녀에게 조급해하지 말라고 조언하며 이렇게 말했다.

"제가 만난 자폐증 아이들은 부모가 자기 부모와 관계가 안 좋은 경우가 많았는데요, 동의하시나요?"

"아니요. 동의하지 못합니다."

"그럼 다시 질문 할게요. 당신의 어머니가 캐나다로 가서 당신을 도와주려고 했는데 왜 어머니를 다시 돌려보냈나요?"

그녀는 엄마와 이런 저런 갈등이 있어서 돌려보냈다고 대답했다. 나는 물었다.

"노인이 장시간 비행기를 타고 캐나다까지 갔어요. 그런데 사소한 일로 엄마와 말다툼을 했고 엄마를 돌려보냈습니다. 과연 그렇게까지 했어야 할까요? 다시 질문을 할게요. 당신이 귀국했을 때 부모님을 찾아뵈었나요?"

"며칠이 지나고 갔어요."

"당신 어머니와도 상담을 했었습니다. 당신은 매우 똑똑하고 훌륭한 사람이라고 하시더군요. 당신을 영국에 있는 학교에 보내기 위해 부모님은 집을 담보로 20만 위안을 마련해주셨어요. 그런데 당신은 감사할 줄도 몰랐고 부모님의 지원이 부족하다고 생각했습니다. 당신은 20만 위안을 가져가고도 별 말이 없었습니다. 부모님께서 얼마나 서운하셨을까요? 집까지 담보로 지원해주었는데도 부족하다고 생각하나요? 지금 부모님과 함께 살고 있지 않지만 여전히 부모님을 서운하게 하고 있습니다."

나의 물음에 그녀는 자신의 잘못을 깨닫기 시작했고, 눈에서는 눈물이 뚝뚝 떨어졌다. 그리고 어느새 펑펑 울기 시작하면서 말했다. "제가 잘못했어요. 부모님께 죄송해요."

그녀는 큰 깨달음을 얻었다. 그리고 부모님을 꼭 안아주며 "사랑해요."라고 말했고 사과했다. 자신의 잘못을 뼈저리게 후회했다. 그녀의 변화를 보고 부모님도 눈물을 흘렸다. "우리 딸은 어릴 때도 이렇게 안아준 적이 없어요."

수업이 끝난 후 그녀는 캐나다로 돌아갔다. 수업에서 얻은 에너지를 가지고 아들과 함께 더 많은 시간을 보냈고, 아들은 변하기 시작했다. 아들은 엄마에게 피아노를 쳐 주기도 했고 그녀와 함께 외할머니, 외할아버지에게 종종 안부 전화를 걸었다. 아들의 변화에 그녀는 너무 감동했다. 그녀는 울면서 말했다. "아이의 문제는 모두 제가 만든 거였어요. 제가 잘못한 거예요. 나의 노력으로 모든 것을 바꿀 수 있어요!"

사람은 자신의 모습을 있는 그대로 받아들일 때 스스로 깨달음을 얻을 수 있고, 자신의 마음과 행동을 모두 바꿀 수 있다.

우리는 계통 안에서 살아가고 그 속에서 서열 관계를 형성하고 있다. 부모에게 효도를 하지 않고 부모에게 감사할 줄 모르는 사람은 자신을 받아들일 수도 없을 뿐만 아니라 주변 사람에게 감사할 줄 모른다. 그렇게 되면 결국 에너지가 막히게 되어 자신과 다음 세대, 가족과의 연결이 단절된다. 우리가 자신의 문제를 인식하고 진심으로 후회하고 변하기 위해 노력하면 막힌 에너지는 다시 순조롭게 이동하고 우리와 부모, 가족이 다시 연결이 된다.

생명은 참 묘하다. 한 사람의 변화는 많은 사람에게 영향을 준다. 특히 아이에게 중요한 영향을 준다. 우리는 자신의 모습을 받아들이고 인정하고, 생명 에너지를 지켜야 한다. 그리고 겸손하고 감사하고 사랑할 줄 알아야 한다. 우리가 감사하는 법을 배우면 자신을 받아들일 수 있고, 나에게 상처를 준 사람을 진심으로 용서하고 이해할 수 있다.

우리는 부모에 대한 원망을 내려놓지 못하고 우리에게 준 상처만 기억할 뿐, 부모가 우리를 완벽하게 만들기 위해 기꺼이 원망의 대상이 되기로 했다는 사실은 모른다. 우리 마음에 드리워진 안개를 걷어내면 모든 것이 우리를 보호하고 완성하기 위해 존재한다는 것을 알게 된다. 누군가의 사랑을 받을 때는 잘 모른다. 마음속 집착과 그로 인한 감정들이 복잡하게 얽히면 에너지의 계승과 연결은 결국 끊어져버린다.

집착을 내려놓고 편협한 생각에서 벗어나 광활한 세상 속에서 자유롭게 숨을 쉬자. 막힌 에너지를 뚫고 감사하는 마음, 사랑하는 마음, 선한 마음을 다시 되찾아, 보다 나은 나를 만들자. 우리가 스스로를 돌아보고, 스스로 깨달을 수 있으면 내면으로부터 변화를 시작할 수 있고, 가족 에너지를 효과적으로 연결시켜 아이의 변화와 성장을 이끌어 낼 수 있다.

감사는 최고의 자비이다. 감사하는 마음을 갖게 되면 깨달음을 얻고 에너지가 향상되어 나와 아이 모두 가치 있는 수확을 할 수 있다!

우리는 스스로 깨달음을 얻고 자신을 완성하고,

가족 간의 다양한 관계들을 서로 연결시키기 위해 노력해야 한다.

과거에 심어놓은 감정 씨앗을 제거하고,

조상을 섬기고 부모와 소통하고 아이와 교감함으로써

아이에게 좋은 가족 에너지의 환경을 만들어주어야 한다.

마음가짐
11

가족을 소중히 하기

가족 에너지를 계승하자

- 과거의 인연이 현재로 이어진다
- 부모의 깨달음은 가족의 복이다
- 가족 에너지와의 효과적인 연결
- 어지러운 가족 질서를 회복하자
- 생각에 행동을 더하자

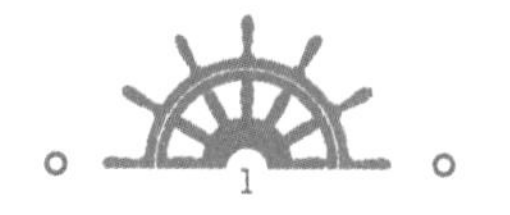

1

과거의 인연이 현재로 이어진다

아이의 문제에는 두 가지 원인이 있다. 하나는 과거에 만들어진 부모의 감정, 긴장과 스트레스에 기인하고 다른 하나는 가족 에너지의 흐름에 기인한다. 사람은 혼자서 존재할 수 없고 거대한 에너지를 품고 있는 가족 안에서 살아간다. 각 계통의 사람들의 미묘한 변화나 발전은 그 계통에 속한 사람들에게 영향을 준다. 그 중에서 가장 많은 영향을 받는 것이 바로 아이다. 아이는 가족 계통에서 가장 순수하면서도 나약한 존재다. 즉, 아이는 최대의 수혜자가 될 수도 있고 피해자가 될 수 있다.

부모는 아이의 문제를 발견하면 먼저 자기 자신에게 문제의 원인을 찾아야 한다. 그런 다음 계통의 관점에서 원인을 분석해야 한다. 우리가 아이의 좋은 점이나 나쁜 점만 따지면 문제는 절대 해결되지 않는다. 우리가 아이의 문제를 효과적으로 해결하면 아이와 관련된 가족의 문제도 자연스럽게 해결된다. 예를 들면 아이의 건강에 문제가 발생하면 아이의 할머니도 갑자기 아플 수 있지만, 아이의 문제가 원만히 해결된 후에 할머니의 병도 호전된다. 별개의 문제인 것처럼 보이지만, 사실 이 문제는 계통의 문제인 셈이다. 계통에서 나타난 문제는 다른 부분에서 문제를 야기할 수 있고, 이 문제가 해결되면 다른 문제도 해결된다.

우리는 과거의 인연으로 지금 생에서 다시 만난 것이다. 우리의 삶은 나와 나의 관계가 만난 것이며, 예전의 경험을 되풀이한다. 살면서 겪은 일들을 통해 우리는 지난 경험을 떠올린다. 이 이치를 이해하고 받아들이면 우리는 경험을 통해 스스로를 발견할 수 있고 자신을 계속 완성해나갈 수 있다. 우리가 이 세상에 온 것은 자기 수양을 하고 과거보다 더 나은 자신을 만들기 위한 것이다. 여기서 말하는 자신이란 정신적인 자기 자신을 말하는 것이다. 이는 스스로 깨달음을 얻는 자기 수양의 과정이다.

모든 사람에게 삶은 도를 닦는 곳과도 같다. 외적인 가족 계통은 사람의 내적인 계통을 반영한다. 사람은 외적인 가족 계통의 연결을 통해 내적인 계통과 연결된다. 우리와 부모의 관계는 天,地,人(삼재三才를 이루는 하늘과 땅과 사람을 아울러 이르는 말_역주)의 관계다. 우리와 아이의 관계는 에너지의 관계다. 우리와 조상의 관계는 자연의 관계다. '인간은 땅의 법을 따르고, 땅은 하늘의 법을 따르고, 하늘은 도의 법을 따르고, 도는 자연의 법을 따른다人法地 地法天 天法道 道法自然.'는 노자의 말씀은 이 규율을 의미한다.

삶은 생각의 실험장이다. 어떤 생각을 갖고 있느냐가 삶을 결정한다. 우리는 삶 속에서 지혜를 찾고 행복과 즐거움을 느낄 줄 알아야 한다. 사람은 마음의 구속을 받지 않을 수 없다. 하지만 우리가 마음을 열고 초탈하려고 노력하면 오해에서 벗어나 생각이 열리고 스스로 좀 더 성숙해진다. 그리고 진정한 인생의 지혜를 찾아 더욱 완벽한 자신을 만들고, 주변 사람에게 충만한 에너지를 줄 수 있다.

외부 계통을 잘 가꾸어서 아이에게 좋은 내부 계통을 만들어주어야 한다. 우리는 스스로 깨달음을 얻고 자신을 완성하고, 가족 간의 다양한 관계들을 서로 연결시키기 위해 노력해야 한다. 과거에 심어놓은 감정 씨앗을 제거하고, 조상을 섬기고 부모와 소통하고 아이와 교감함으로써 아이에게 좋은 가족 에너지의 환경을 만들어주어야 한다.

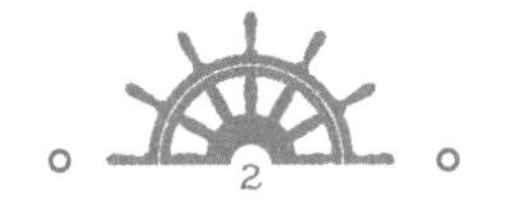

부모의 깨달음은 가족의 복이다

우리와 아이 모두 강한 정신력을 가지고 있다. 만일 가족 에너지가 지지하고 응원하는 에너지라면 그 에너지는 우리와 아이가 자신의 목표와 이상을 실현시킬 수 있도록 도와줄 것이다. 만일 가족 에너지가 밀어내고 방해하는 에너지라면 우리와 우리 아이의 삶은 계속 좌절을 맛볼 것이고 충분히 실현가능한 목표도 달성하기 어렵다. 가족 에너지는 보이지 않지만 우리가 생각한 것보다 훨씬 강하고 우리의 삶에 늘 영향을 준다.

세상의 만물과 규칙은 모두 뿌리가 있다. 뿌리가 없는 나무는 근원이 없는 물과 같다. 모든 사물은 균형이 필요하다. 가족 계통의 일원으로 우리 모두는 가족 에너지의 영향을 받는데 가족의 새로운 생명인 아이가 가장 많은 영향을 받는다. 우리는 '아이의 문제는 부모나 가족 구성원에게 불만을 표시하는 무언의 언어다.'라는 사실을 알아야 한다.

아이의 사소한 문제는 부모에서 시작된 것이고, 큰 문제는 가족 계통에서 시작된 것이다. 부모는 아이의 문제를 올바르게 바라보고, 수용, 감사, 연결 과정에서 스스로 더 많이 깨닫도록 노력해야 한다. 아이에게 일어난 모든 상황은 부모가 스스로를 돌아볼 수 있는 기회다. 아이의 모습에서 자신의 모습을 발견하고 깨달음을 얻어 잘못된 연결고리를 찾아 제때 이를 끊어내면 아이의 상황은 훨씬 달라질 것이다.

아이와 부모는 상부상조의 관계다. 아이로 인해 부모는 스스로를 발전시키고 자신을 발견한다. 부모의 변화로 아이도 달라질 수 있다. 아이의 행복을 위해 노력하는 부모가 위대한 이유는 그들이 자신과 가족을 변화시키려고 끊임없이 노력하고 행동을 통해 가족 에너지를 향상시키기 때문이다. 굉장히 의미 있는 일이다.

부모의 깨달음은 가족에게 복을 가져온다. 아이와 자신에게 문제가 있다는 사실을 발견하면 마음을 내려놓고 해결 방법을 찾기 위해 노력해야 한다. 그러면 아이와 나 사이의 장애물을 없앨 수도 있고 우리가 부모님과 함께 있었을 때 옳지 않았던 점들을 개선할 수 있다. 노력을 통해 가족의 나쁜 에너지를 제거할 수 있다. 이를 통해 우리는 가족의 각 연결고리를 바로잡고 가족 에너지를 향상시키는 동시에 자신과 아이의 관계를 개선해 현실 속 수많은 문제들을 슬기롭게 해결할 수 있다. 가족의 에너지를 계승하고 가족 계통을 재정

비하면 가족에게 기쁜 일이 생길 것이다. 이는 가족에게서 물려받은 정신적 뿌리로 우리의 자손들을 더욱 발전시켜준다.

사람은 살아가면서 부모, 부부, 자식, 친구, 라이벌 등 여러 관계와 만난다. 모든 관계 중에서도 아이와의 관계가 가장 중요하다. 아이와 관계를 잘 맺으려면 부모의 깨달음이 필요하다. 부모가 모든 관계에서 깨달음을 얻고 행동으로 자신을 변화시키면 더욱 지혜로운 사람이 되어 가족의 긍정적인 에너지를 올바른 방향으로 이동시키겠지만, 그 반대의 경우는 에너지를 소진시킨다.

부모는 공부를 해야 한다. 하지만 우리가 공부하는 목표는 이론이나 인생의 철학이 아니라 깨달음 속에서 행동하는 것임을 기억한다. 아이를 가르치고 사랑을 줄 때 상황을 통해 규칙을 발견하고 인식함으로써 나 자신을 바꾸고 가족 에너지를 효과적으로 향상시켜, 아이와 함께 더욱 행복한 삶을 누려야 한다.

아이의 건강과 행복을 위해, 모든 가족의 화목과 발전을 위해 우리는 깨달아야 하고, 깨달음 속에서 행동하고, 행동함으로써 베풀고 그 속에서 다시 깨달음을 얻어야 한다.

3

가족 에너지와의 효과적인 연결

가정은 인류의 가장 기본이자 가장 중요한 계통의 요소이다. 우리 모두는 자신의 가족을 중심으로 한 작은 계통과 더 큰 가족 계통 속에서 살고 있다. 가족 계통이 잘 운영되려면 많은 규칙을 준수해야 한다. 그 중 가장 중요한 규칙은 균형과 완성이다.

모든 가족의 내부에는 동력이 있다. 가족의 구성원은 그 동력의 영향을 받는다. 동력은 바로 가족 에너지다. 동력은 모든 가족 구성원에게 막강한 영향을 준다. 우리가 지금까지 한 번도 만난 적 없는 우리의 조상이 아주 오래 전에 한 일은 후대에게 영향을 준다. 많은 사람들의 몸과 마음의 문제는 사실 '연결' 때문에 발생한다. 앞 세대의 가족들의 운명이 현세대에서 다시 반복된다. 서로 다른 연결은 서로 다른 균형을 이루어 전혀 다른 가족 상황을 만든다.

모든 사람은 가족에게서 물려받은 에너지 암호를 가지고 있다. 우리는 가족의 연결을 통해 가족 에너지를 물려주고, 가족 에너지가 우리에게 준 영향을 경험하고 체험한다. 가족 계통의 완성은 가족 계통의 모든 구성원이나 관련 있는 사람들을 인정하고 각자의 서열을 지키는 것을 의미한다. 설령 그 사람이 이미 이 세상에 없더라도 그의 서열은 인정되어야 한다. 그래야만 가족 계통이 한 쪽으로 치우치지 않는다. 모든 계통은 균형을 이룬다. 어느 한쪽으로 기울어서는 안 되기 때문에 다른 쪽의 관계를 통해 보완해야 한다. 보완하는 과정에서 우리는 에너지를 소진하게 되고 에너지의 부족으로 우리는 '문제'가 생겼음을 알게 된다.

계통 안 구성원의 서열이 무시당하거나, 가족 구성원이 서열과 규칙을 지키지 않는 것은 도로에서 운전을 할 때 교통 규칙을 준수하지 않아 교통사고가 날 수 있는 것과도 같다. 가정의 문제는 가족과 긴밀하게 연결되어 있고 모두 하나의 계통 안에 있다. 가정이나 가족에게 문제가 발생하면 이 계통의 다른 구성원 특히 어린 구성원은 영향을 받게 되고, 정신적, 정서적으로 이상 증상이 생기거나 행동의 문제가 발생할 수 있다. 그리고 다른 가족과 관계가 악화될 수 있고 이상 현상이 반복적으로 나타나게 된다. 심지어 아이에게 두려움, 긴장, 우울, 초조, 자폐 등의 증상이 나타나기도 한다.

가족 에너지는 현실에서 행운이나 불행, 고통의 모습으로 나타나기도 하고 꿈을 이루고 뛰어난 성과를 거두는 모습으로도 나타난다. 가족 구성원이 과거에 했던 일들이 후대에 크고 작은 영향을 줄 수 있는데, 아이는 가장 많은 영향을 받는다.

가족 문제를 해결할 때 가장 좋은 방법은 원점으로 돌아가 가족 구성원의 잘못을 바로잡고 부족한 점을 보완하는 것이다. 잘못을 바로잡는 과정은 스스로 깨닫는 과정이다. 지금 발생한 문제의 숨겨진 뜻을 찾아, 문제의 근원을 발견하고 가족 에너지가 순조롭게 이동하도록 만들어 가족 에너지를 향상시키는 동시에 아이의 문제도 효과적으로 해결할 수 있다.

다른 사람의 단점만 찾는 사람은 가족 에너지가 부족하다. 가족 에너지 부족 문제를 해결하기 위해 가장 중요한 것은 바로 선순환의 가족 계통을 만드는 것이다. 이를 위해서 부모는 나쁜 에너지의 근원을 찾고, 나쁜 에너지가 영향을 주는 것을 막기 위해 스스로 참회하고 고치려고 노력하는 모습이 필요하다. 그러면 가족 에너지가 상승하여 아이와 연결되고, 아이의 에너지가 향상되어 그는 결국 행복한 인생을 누리게 된다.

모든 사람에게는 미는 힘과 끄는 힘이 있다. 끄는 힘은 우리가 우리의 목표를 달성하고 이상을 실현하는 것을 돕는다. 미는 힘은 우리를 좌절시킨다. 미는 힘 때문에 이룰 수 있는 일도 달성이 불가능해지고, 원하는 것을 얻을 수 없다. 이 두 가지 힘은 무형의 가족 에너지다. 비록 보이진 않지만 미는 힘은 우리가 의식적으로 노력하는 것보다 훨씬 강력하며, 시시각각 우리의 삶과 운명을 좌우한다. 우리가 발전을 하려면 가족 에너지가 균형을 이룰 수 있도록 노력해야 한다. 만일 가족에게 문제가 발생했을 때 즉시 행동을 취해 문제를 해결하지 않으면 우리는 새로운 균형을 유지하기 위해 또다시 에너지를 써야 한다.

우리가 부모님께 감사하고 보답하는 것처럼 우리가 베푼 모든 것들이 우리 자신에게 돌아온다. 모든 사람은 가족 계통의 일원으로 살아가면서 나쁜 에너지를 보완하여 올바른 방향으로 나아가고, 스스로의 에너지를 향상시켜야 한다. 우리가 부족한 부분을 보완하고 노력할수록 가족은 더욱 촘촘히 연결되고, 가족 에너지를 강화할 수 있다.

가족의 각 구성원이 이 질서를 존중하고 살아간다면 그 가정은 화목할 것이다. 사랑의 에너지도 자유롭게 이동할 것이다. 만일 이 질서를 지키지 않으면 가족 구성원은 대를 이어서 조상의 문제를 계속 답습하고 부족한 점을 계속 보완해야 할 수 밖에 없다. 이는 가족 문제를 초래하게 되고 아이의 인생에 영향을 준다.

계통의 지혜를 이해하면 바꾸기 어렵다고 생각했던 난감한 상황에서 점점 벗어날 수 있고 원하는 결과를 얻을 수 있다. 우리는 깨달음을 통해 가족 에너지를 연결시키고, 가족 계통의 선순환을 이루고 스스로를 변화시켜, 아이와 교감을 하고, 원만하고 화목한 가정을 이룰 수 있다.

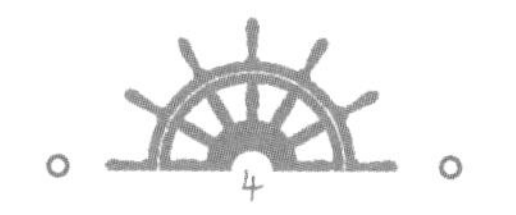

4

어지러운 가족 질서를 회복하자

가족 계통의 선순환에서 가장 중요한 것은 가족 간 서열을 지키는 것이다. 서열은 에너지의 흐름에 중요한 영향을 준다.

가족 계통에서 계통의 완전함을 유지하고 에너지의 균형을 맞추기 위해 가족의 운명은 서로 끈끈하게 연결되어 있다. 우리는 질서를 존중해야 한다. 가족 계통에서의 서열은 특히 중요한 에너지다. 모든 가족 구성원은 가족 안에서 자신의 위치가 정해져 있다. 가족 구성원이 자신의 위치를 지키면 가족 계통의 균형을 이루고 가족 계통을 완성할 수 있다. 아이는 아이의 자리가, 부모는 부모의 자리가, 할아버지, 할머니는 그들의 자리가 있다. 만일 이 자리와 서열이 흔들리면 가족 계통은 균형을 잃을 수 있다.

예부터 지금까지 우리는 늘 어른을 공경하고 서열을 중시했다. 그런데 시대가 변하고, 물질적 풍요가 사람의 관념을 바꾸어 놓고 있다. 결국 가족 서열에서 위치가 서로 뒤바뀌는 혼란이 발생한다. 지금 부모들은 아이만 위하며 산다. 집안의 서열이 뒤바뀐 사실을 잊고 있다. 이는 아이의 성장에 백해무익하다.

> 주말 오후, 온 가족이 함께 모여 할머니의 생일 파티를 열었다. 초인종이 울리더니 아이의 아버지가 커다란 케이크를 들고 들어왔다. 아이는 케이크를 보자마자 "나 먹고 싶어." 하며 투정을 부렸다. 아버지는 말했다. "안 돼! 이따가 할머니 생일 축하 다 하고 할머니가 케이크 절단하고 나면 먹자." 하지만 아이는 들은 척 만 척하고 케이크를 빼앗으며 화를 내고 소리쳤다. "싫어. 내가 먼저 먹기 전에는 아무도 먹을 수 없어!" 말이 끝나기가 무섭게 예쁜 케이크는 바닥에 떨어졌다. 모두가 깜짝 놀라 충격을 받은 상황에서 할머니는 눈물을 흘렸다. "내가 지난 12년 동안 항상 너만 생각하고 사랑했는데, 왜 오늘 단 하루인데도 할머니를 사랑해주지 않는 거니."

아마도 대부분의 사람들이 아이가 참을성이 없고 버릇도 없고 철이 없다고 비난할 것이다. 하지만 무조건 아이만 비난할 문제일까? 만일 어른들이 평소에 아이가 원하는 것을 무조건 들어주지 않았더라면, 만일 할머니가 맛있는 것을 볼 때마다 손자에게 먼저 주지 않았다면, 만일 어른들이 가족 서열을 지켜야 한다고 가르쳤다면 아이는 이런 행동을 하지 않았을 것이다.

가족 계통에서 모든 사람은 자신의 위치와 본분이 있다. 각자의 위치에 있을 때 계통은 균형을 유지하고, 에너지는 순조롭게 이동하여 가족의 힘이 점점 커진다.

어른은 나무의 뿌리이고, 아이는 열매다. 나무의 뿌리를 잘 관리하고 영양분을 충분히 공급하면 맛있고 향긋한 열매가 열린다. 우리가 우리 부모님과의 관계를 잘 해결하지 못하면 가족의 서열에 혼란을 야기하여 계통에 문제를 가져온다. 그리고 우리 자식들에게 여러 가지 문제들이 생기게 된다.

몸이 아프거나, 공부하기 싫어하거나, 사춘기가 시작되는 등 아이의 문제는 부모의 행동을 보여주고, 가족 구성원이 만든 결과다. 그래서 우리는 아이를 가르칠 때 스스로 먼저 아이들에게 좋은 롤 모델이 되어 아이가 어른을 존중하고 나보다 어린 사람을 사랑할 줄 아는 법을 배우고, 가족 서열을 존중하는 법을 알게 해야 한다.

뿐만 아니라, 부모는 아이와의 서열에 특히 신경 써야 한다. 아이와 친밀하게 소통하는 것도 중요하지만 서열을 존중하는 것도 중요하다. 아이에게 부모로서의 위엄을 지키면서 사랑을 주어야 한다.

서열이 엇갈리면 계통에 혼란이 생긴다. 계통은 약속 체계이다. 규칙을 준수하고 서열을 존중할 때 아이도 가족 속에서 자유롭게 성장한다.

만일 아이와 나 사이에, 나와 어른 사이에 또는 아이와 어른 사이에 갈등이 생기면 가족의 서열 관계를 다시 살펴보자. 가족의 수많은 문제들은 서열의 혼란으로 인한 것이다.

우리는 아이의 문제를 통해 자신의 부족한 점을 계속 발견해야 한다. 우리가 나와 가족에서 나타나는 문제를 정확히 인식하고 나면 모든 문제의 근원이 나와 내 마음의 관계, 나와 부모의 관계, 나와 아이의 관계, 나와 가족의 관계가 원만하지 못한 것에 있다는 것을 알 수 있다. 우리는 스스로를 변화시키고, 가족의 잘못된 서열 관계를 바로잡고, 사랑의 서열을 회복하고, 사랑의 원동력을 모아야 한다! 우리가 서열을 바로잡고, 진정한 사랑을 이해하면 가족 계통이 제대로 돌아가고, 우리의 아이들이 가족 에너지의 정상적인 흐름 속에서 좀 더 자유롭고 자율적으로 건강하게 자랄 수 있다.

생각에 행동을 더하자

아이가 이 세상에 태어난 것은 가족의 사명을 이어받기 위한 것이다. 아이의 모습, 변화, 감정, 생각, 소망 등 모든 표현을 통해 우리는 내면을 들여다보고 나 자신을 살펴보며, 진정한 깨달음을 얻을 수 있다.

아이의 문제는 부모의 문제다. 아이의 모든 것, 과거, 현재, 미래는 부모의 말과 행동, 가족 에너지, 효과적인 연결과 서열 관계에 달려 있다.

우리와 아이는 가족 계통 속에서 움직이며, 서로를 비추고 서로의 원인과 결과가 된다. 사람과 사람은 촘촘한 그물망처럼 연결되어 있고 균형을 이룬다. 우리가 균형을 이해하면 계통에는 인과 관계가 있고 나 자신이 바로 모든 일의 근원임을 알게 된다. 아이를 통해 우리는 자신을 완성하고 자신의 부족한 점을 알고 자기 수양을 함으로써 영혼은 더욱 맑아진다. 우리의 사명은 아이를 완전한 인간으로 자라게 하는 것이다. 우리는 아이를 존중하고 소통하고, 가족의 서열을 정비하고, 스스로의 위치를 바로잡고, 부단한 변화와 노력으로 스스로를 향상시켜야 한다. 그리고 가족의 서열을 회복하고 가족 에너지를 향상시켜, 자유, 가치, 에너지를 하나로 모아 나와 아이의 인생을 좀 더 아름답게 만들 수 있다.

우리 모두는 가족의 구성원으로 중요한 역할을 한다. 부모의 생각의 힘과 행동하는 힘이 가족의 성공과 실패를 좌우하고 아이의 성장과 미래를 결정한다. 아이를 위해 우리는 현실 문제를 통해 스스로 반성하고, 나로 인한 가족 계통의 부족한 부분을 채워야 한다.

제는 우수한 심리상담 전문의로서 그가 배운 지식으로 사람들이 내면의 고통과 괴로움에서 벗어나도록 도와주고 있다. 하지만 깡마른 외모와 고집스러운 모습, 냉소적인 표정을 보면 그의 내면도 괴로움과 고통으로 가득하다는 것을 알 수 있다.

제는 자신의 두 딸을 너무 사랑하고, 딸들을 기쁘게 해주기 위해 최선을 다한다. 하지만 제가 원하는 대로 되지 않았다. 큰딸은 반항적이고 아빠를 원망하고 싫어하고 몸이 아프다. 둘째 딸은 건강하고 활달하지만 아빠에 대해 알 수 없는 분노를 갖고 있다. 제는 아무리 생각해도 이해가 되지 않았다.

도대체 이 문제는 어디에서 시작된 것일까?
마음의 응어리를 풀기 위해서 제는 내 수업을 들었다. 그를 상담하면서 나는 그에게 아버지, 어머니, 큰딸, 작은딸의 입장에서 숨김없이 속마음을 털어놓는 시간을 주었다.
제의 큰딸은 제에게 늘 냉소적이고 제를 경멸했다. 그녀는 아빠 근처에 가고 싶어 하지 않았고 심지어 눈도 마주치고 싶어 하지 않았다. 작은딸도 그의 곁에 가고 싶어 하지 않았고 울면서 할아버지에게 잘해달라고 말했다. 제의 아버지는 분노가 가득했으며 제를 보고 눈살을 찌푸렸다. 제의 아버지 눈에는 원망이 가득했고 온몸을 부들부들 떨었다. 제의 어머니는 의외로 평정심을 보였다. 정말 이해하기 어려운 가족의 모습이었다. 왜 이런 현상이 생긴 것일까?
제는 어린 시절을 회상했고 우리는 문제의 원인을 찾았다. 어린 시절 제는 사랑하는 엄마가 아빠에게 혼나는 모습을 많이 봤다. 그때마다 그는 너무 두려웠고 아버지에 대한 깊은 원망과 분노를 가지고 있었다. 그렇게 오랜 시간 동안 제는 아버지와 거의 단절된 채로 살아갔다. 그는 아버지를 보기 싫어했고 대화도 하지 않았다. 죽도록 공부해서 대학에 들어간 것도 아버지에게서 멀리 떠나고 싶어서였다.

제는 어머니를 사랑했다. 그는 어머니가 고통 받는 것을 견딜 수 없었고 아버지를 증오했다. 충분히 이해할 수 있다. 하지만 제는 그런 경험 때문에 자신의 삶에 충실하지 못했다. 모든 생명은 주어신 삶의 길이 있고, 즐거운 일이든 힘겨운 일이든 반드시 그 길을 지나가야 하고 존중하고 받아들여야 한다. 하지만 제는 이를 알지 못했다. 제의 아버지도 그와 마찬가지로 자신의 생명의 과정, 주어진 삶이 있다. 우리는 생명의 과정을 이해하고 존중하며, 자신의 위치를 바로잡을 줄 알아야 한다. 그러면 삶이 원만하게 흘러간다.

부모와 자식이 만나는 교차지점이 바로 생명의 원점이다. 마치 좌표상의 기준점처럼 이 교차지점은 아이와 가족 에너지가 연결되는 곳이다. 하지만 제는 생명의 원점을 벗어나 이탈했고, 에너지의 올바른 흐름을 끊어내고 가족 에너지의 연결을 단절시켰다. 제는 더 나약해졌다. 딸과의 관계도 심각한 영향을 받았다.

제는 그 사실을 그제야 깨닫고 털썩 주저앉아 울었다. 그는 후회했고, 자신을 키워준 아버지의 은혜에 감사했다. 감사를 수천 번 하고, 후회를 수만 번 하는 것보다 행동을 하는 것이 훨씬 중요하다. 그래서 제는 집으로 돌아가는 비행기를 취소하고 수업이 끝나자마자 곧바로 아버지를 찾아뵙고 용서를 빌었다. 제의 얼굴은 점점 생기가 돌고 표정과 태도도 부드러워 졌다. 그의 목소리에서 기쁨을 느낄 수 있었다.

제의 모습을 보며 나 역시 기뻤다. 그는 가족 계통을 다시 제자리로 돌려놓고 아이들의 건강한 성장에 계속 에너지를 공급해줄 것이라고 믿는다.

우리의 가족은 강한 에너지가 있다. 그러나 그 속에 있는 우리는 자신의 무지함, 편협함, 나약함 때문에 생명의 원점에서 멀어지고 가족 에너지와의 연결고리를 단절시켜 정처 없이 흐르는 물줄기, 뿌리 없는 나무처럼 자기 자신을 외롭게 만든다. 결국 자신의 운명을 스스로 결정하지 못하고 자신의 세계를 지키지 못한다.

우리는 편협한 생각과 고정관념을 버리고 생명의 원점으로 돌아가기 위해 용감해져야 한다. 스스로 깨닫는 힘을 강화하고 가족 계통의 균형과 완성을 이루고 아이에게 긍정적인 에너지를 물려주고 생각의 힘과 행동하는 힘으로 우리의 꿈을 실현해야 한다.

아이에게 문제가 있다는 사실을 발견하면
아이를 바꾸려고 조바심 내지 말고
냉정을 되찾아 스스로를 돌아보라.
부모가 자신부터 바꾸기 시작하면 아이도 바뀔 수 있다.

마음가짐
12

아이에게 표현하기

사랑을 보여주는 아홉 가지 표현

- 따뜻한 미소
- 몸을 숙여 아이와 대화하자
- 3초만 기다리자
- 경청하자
- 아이에게 긍정의 이름표를 붙여주자
- 아이가 자신의 가치를 발견하게 하자
- 아이의 존엄을 지키자
- 가족 에너지를 향상시키자
- 아이의 마음에 자유의 날개를 달아주자

1

따뜻한 미소

부모는 아이에게 최고로 좋은 것을 해주고 싶어 한다. 그렇다면 최고로 좋은 것은 무엇인가? 아이에게 맛있는 음식을 먹이고, 예쁜 옷을 입히고, 좋은 물건을 사주는 것일까? 하지만 아이에게는 엄마 아빠가 자신을 대하는 모습이 가장 중요하다. 따뜻한 미소는 명품 브랜드나 비싸고 귀한 음식보다 훨씬 중요하다.

한 아동심리학 전문가는, 미소는 아이에게 가장 좋은 교육 방식이며 모든 아이가 미소를 짓는 사람을 좋아한다고 했다. 미소는 사랑의 언어다. 미소는 구름을 뚫고 나오는 빛과 같아 모든 사람을 비추고 따뜻함을 준다. 아이에게 부모의 미소는 세상에서 가장 아름다운 언어이며, 부모의 마음이다. 미소는 "사랑해, 정말 사랑해. 너만 보고 있어도 행복해!"라고 아이에게 말한다. 부모의 얼굴 표정은 아이에게 직접적인 영향을 준다. 어릴 때부터 미소 속에서 자란 아이는 긍정적인 마인드를 가지고 있으며, 반대로 훈계와 잔소리만 하는 부모 밑에서 자란 아이는 소심하고 예민하다.

리화는 유명한 판사지만 아이에게 엄격하고 걱정이 많은 엄마다. 그녀는 소심하고 예민하고 표현을 잘 못하는 아들 때문에 늘 걱정이다. 곧 초등학교에 입학하는 아들이 학교생활에 잘 적응하길 바라는 마음에 그녀는 아들을 입학 전 예비학교에 보냈다.
개학날 학부형 회의에서 선생님은 리화의 아들이 빌려간 책을 반납하지 않았다며 리화에게 잠시 남아 있으라고 말했다. 리화와 남편은 교실 책장에서 책을 간신히 찾았고 약속이나 한 듯 아들을 무섭게 노려보았다.
그 모습을 본 선생님은 리화를 상담실로 데리고 간 후 문을 닫고 엄격한 목소리로 말했다. "이런 식으로 아이를 대하실 건가요? 아이에게는 따뜻한 마음과 격려가 필요합니다. 그래서 어머니께서 변하셔야 합니다. 첫째, 앞으로 어머니는 사랑과 따뜻한 마음을 담아 아이에게 말씀하세요. 무서운 목소리로 혼을 내서도 안 되고, 특히 다른 사람 앞에서 아이의 단점을 말해서는 안 됩니다. 둘째, 시간을 내어 아이와 함께 있어주세요. 일이 너무 바빠도 최소 매일 아이에게 책을 읽어주세요. 셋째, 가장 중요한 일입니다. 미소를 배우세요. 판사로서 아이를 대하면 안 됩니다." 어쩔 줄 몰라 당황한 리화를 보며 선생님은 이렇게 말했다. "웃기가 어렵다면 거울 보고 연습을 해보세요!"
선생님의 말씀에 리화는 충격을 받았고 아이의 문제를 진지하게 고민하기 시작했다. 그녀는 서서히 '아이의 현재 모습은 나와 남편이 만든 것이며 내가 아이의 모든 문제의 근원이었다.'는 사실을 깨달았다. 그래서 리화는 진심을 다해 부모 교육을 받았고 자신을 변화시키기 위해 노력했다.
집에서 그녀는 따뜻한 미소로 아이를 대했다. 필요하다면 언제든 선생님과 아이 문제를 의논했고 아이와 '아이와의 독서' 활동도 함께했다. 매일 꾸준히 실행에 옮기면서 리화는 아들이 변해가는 모습을 발견했다. 조용하고 소심했던 아들은 쾌활해졌고 늘 엄마를 안아주었다. 리화가 정말 오랫동안 기다려왔던 행복한 순간이었다. 아들의 마음의 문이 열리고 그녀와 아들이 충분히 교감하게 되자 리화는 '나 자신이 변하면 아이도 함께 변한다.'는 사실을 확신했다.
아이의 나쁜 생활 습관도 서서히 개선되기 시작했다. 아이의 내면이 강해지면서 리화와 남편도 함께 성장했다. 동화 속에 등장하는 부모가 아이를 대하는 태도와 말투는 그들에게 많은 도움이 되었다. 리화 부부는 따뜻한 미소와 온화한 태도를 가지고 아이와 교감하였고 아이는 더 이상 움츠러들지 않고 자신감을 회복했다.

부모는 자식을 키우기만 하는 것일까? 사실 부모가 자식을 기르는 과정은 스스로 성장하는 과정이다. 자식 문제를 통해 부모는 자신을 고치고 바꾸고 성장해야 한다는 것을 깨닫는다. 지금 힘들고 방황하는 부모들이여, 아이에게 문제가 있다는 사실을 발견하면 아이를 바꾸려고 조바심 내지 말고 냉정을 되찾아 스스로를 돌아보라. 부모가 자신부터 바꾸기 시작하면 아이도 바뀔 수 있다.

우리가 아이에게 따뜻하고 밝은 미소를 건네면 아이는 우리에게 더 없이 행복한 봄날을 선사할 것이다. 꼭 기억하자.

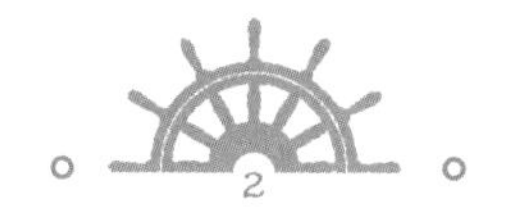

2

몸을 숙여 아이와 대화하자

한 엄마가 아이의 지식과 견문을 넓혀주기 위해서 아이를 데리고 유명한 비즈니스 행사에 참석했다. 그런데 그녀가 아이의 손을 잡고 행사장에 들어가자마자 아이는 막무가내로 울기 시작했다. 엄마는 그 순간 너무 당황스럽고 화가 났다. 그녀는 몸을 숙여 아이의 풀어진 운동화 끈을 묶어주었다. 그때 그녀는 깨달았다. 아이의 눈에는 게임이나 맛있는 음식이 아니라 어른들의 어깨만 보였던 것이었다.

이 이야기를 통해 현실 속 모든 부모들의 잘못된 모습을 엿볼 수 있다. 아이를 진정으로 사랑하는 것은 무엇일까? 우리는 아이를 위해 온갖 정성을 쏟아 붓지만 정작 우리와 아이가 평등한 관계라는 사실을 잊고 있다. 우리는 우리의 입장과 관점, 어른의 사고 방식으로 문제를 대한다. 그래서 아이에게 우리가 예상하지 못한 문제가 발생하기도 한다.

사랑하는 마음은 아이가 성장하는 데 필요한 영양소이며, 부모와 아이 사이를 이어주는 가장 훌륭한 언어다. 아이가 진정한 자아를 찾길 바란다면 부모는 '무릎을 굽히고 몸을 숙여' 아이와 대화해야 한다. 아이와 평등한 관계에서 그와 소통하고 사랑의 눈빛으로 아이를 격려해주고 아이 입장에서 문제를 해결하도록 도와야 한다. 우리가 몸을 낮추고 아이와 눈높이를 맞추면 아이의 시각에서 다양한 세계를 볼 수 있고 아이는 평등과 존중을 느낄 수 있다.

만일 아이가 초조하고 불안해하거나 말이 없으면 스스로에게 먼저 물어야 한다. '나는 아이를 평등하게 대하고 있는가? 사랑의 눈으로 아이에게 신뢰와 지지를 보내고 있는가?' 아이를 위해서 우리는 몸을 낮추는 법을 배우고 아이의 관점에서 문제를 생각하고 아이와 평등하게 교류하고 소통하는 법을 배워야 한다. 이것이 우리가 아이에게 줄 수 있는 최고의 선물이다.

3

3초만 기다리자

성인이 된 후에도 우리는 어린 시절 부모님이 나에게 화를 낸 모습은 또렷이 기억한다. 부모님의 '비난과 잔소리'는 정도의 차이만 있을 뿐 우리에게 안 좋은 영향을 준다. 지금 부모가 된 우리는 아이가 나쁜 영향을 받길 바라지 않지만 현실에서는 자신의 감정을 컨트롤하지 못하고 아이에게 화를 낸다.

모든 아이는 엄마의 배 안에서는 천사였다. 아이가 이 세상에 찾아와주어서 부모는 큰 기쁨을 느끼고 감사하는 마음을 가졌다. 아이가 세상 밖으로 나온 그 순간부터 부모는 아이를 돌보면서 아이와 함께 하루하루 성장해나갔고, 그 속에서 즐거움과 행복을 만끽했다.

아이는 점점 자라면서 주관이 뚜렷해진다. 하지만 부모는 이런 변화에 적응을 못하고 화를 내고 큰 소리로 아이를 꾸짖고 사사건건 잔소리를 한다. 부모들이 선택한 '폭력 무기' 앞에서 아이들은 위협을 느끼고 어쩔 수 없이 복종한다.

심하게 꾸지람을 한 후 아이의 얼굴에 슬픔과 자괴감이 드는 모습을 볼 때마다 우리는 후회하고 죄책감도 느낀다. '나는 결코 좋은 부모가 아니구나.' 라는 생각을 하며 아이에게 큰소리를 치고 화를 낸 것을 후회한다. 하지만 아이가 또 다시 마음에 안 드는 모습을 보이면 우리는 분노를 자제하지 못하고 아이에게 고함을 친다. 이렇게 악순환이 반복된다.

'나의 분노와 꾸지람이 아이에게 공포심을 조성해 아이가 나를 싫어할 수 있다.'는 생각을 해본 적이 있는가? 이런 상황이 반복되면 아이는 더욱 외로워지고, 부정적인 성격을 갖게 된다. 부모가 감정 조절을 못하고 자주 화를 내면 교육적 효과도 없을뿐더러 아이와 더욱 부딪히고 갈등한다. 아이는 부모로부터 화를 내고 고함지르는 모습을 그대로 배우거나 침묵으로 불만과 분노를 표한다. 아이는 부모를 더 이상 존경하지도 않고 부모의 가르침은 안중에 없다. 시간이 흐르면서 아이는 자기 마음대로 행동하는 '유아독존형'이 된다. 그렇게 되면 부모는 아이를 더 이상 통제하기 어렵고 결국 심각한 결과를 야기할 수 있다.

'부모 되기' 수업에는 모든 사람들이 부모와 아이의 역할을 서로 바꿔보며 부모의 목소리와 말투가 아이에게 가져올 다양한 감정과 심리적 변화를 체험해보는 시간이 있다. 활동이 끝난 후 많은 부모들이 아이의 감정을 헤아려주지 못했던 것과 자신의 감정적인 행동과 무지로 아이에게 상처를 준 것을 땅을 치고 후회한다.

부모를 화나게 한 이유가 과연 아이 때문인가? 차분하게 생각해 보자. 아이에게 화를 내고 감정을 컨트롤 할 수 없었던 이유가 혹시 그 전에 다른 사람과 싸우거나, 투자한 것이 잘못되거나, 업무 스트레스나 복잡한 일들로 심신이 지쳐 있던 것은 아니었을까? 그래서 아이가 말을 안 듣고 고집을 부리면 자신도 모르게 '화풀이를 한 것'은 아닐까?

"정말 방법이 없는 것 같아요. 아이가 말을 안 들으면 저도 모르게 화를 참을 수가 없어요." 하지만 아이는 우리의 분풀이 대상이 아니다. 그럼 어떻게 해야 할까? 간단하다. 아이에게 화내기 전에 숨을 크게 내쉬고 3초만 기다리자. 아이에게 화를 내기 전에 분노의 감정을 억제하고 차분한 목소리로 조근 조근 아이와 대화를 하자. 이때 가장 중요한 세 가지는 바로 평정심, 안정감과 단호한 목소리이다.

먼저 자신의 분노를 해소하고 아이 앞에 다가가 무릎을 꿇고 아이와 눈높이를 맞추어 '평정심을 유지해.'라고 자기 암시를 하면서 아이를 대하면 부모로서의 권위를 유지하는 데 도움이 된다. 그런 후 아이에게 조용하고 낮은 목소리로 "우리 서로의 눈을 보고 이야기할까?" 리고 말한다. 그런 후 당신은 아이에게 무엇을 잘못했고 무엇을 해야 하는지 알려줄 수 있다. 만일 아이가 그럼에도 불구하고 말을 듣지 않으면 좀 더 엄한 목소리로 위엄을 지키며 차분히 말한다. "만일 그래도 말을 듣지 않으면 벌을 받을 수 있어." 물론 우리는 논리 정연하게 말을 할 수 있는 부모가 되어야 한다.

부모는 '참을 수 없었다.'는 핑계를 대서는 안 된다. 부모가 아무렇지 않게 아이를 큰 소리로 혼내거나 독설을 퍼붓는 것도 일종의 가정 폭력이다. 먼저 '목소리 톤'을 낮추자. 아이와 누가 목소리가 더 큰가 내기하지 말고 속사포처럼 쏟아내는 말투를 고치고 나의 분노를 절제할 때 아이와의 소통이 결코 어려운 문제가 아니란 것을 알게 된다.

천천히 말하는 법을 배우는 것도 아이를 진정으로 사랑하는 마음의 표현이다. 이는 나와 아이와의 관계뿐만 아니라 나 자신이 평정심을 유지하는 데 도움이 된다.

경청하자

교육의 핵심 원칙은 사랑이다. 우리가 아이에게 진정으로 사랑을 베풀면 마음의 거리를 좁힐 수 있다. 그렇다면 어떠한 사랑이 진정한 사랑일까? 아이의 마음은 다양한 주제를 담고 있는 책과 같다. 우리는 그 마음을 읽고 이해해야 한다. 사랑하는 마음으로 귀를 열고 아이의 목소리를 듣고, 아이의 내면을 이해하면 우리의 교육은 좋은 효과를 거둘 수 있다.

아이는 부모와 즐거움과 기쁨은 공유하고 싶고, 걱정은 나누고 싶어 한다. 하지만 우리는 '좋은 소식'은 듣길 원하면서 아이의 슬프거나 괴로운 일들은 인내심을 갖고 들어주지 않는다. 부모의 반응을 보며 아이는 부모와 무슨 대화를 하든지 감정 낭비라고 생각하고 안 좋은 감정을 해소할 방법을 찾지 못한다. 이런 상황이 지속되면 아이는 반항심이 생기고 언제 어디서든 쉽게 화를 낸다. 심지어 가족에게 심각한 상처를 가져온다.

어른이나 아이나 다른 사람의 이해를 받고 싶어 한다. 그래서 부모가 먼저 인내심을 갖고 아이의 목소리에 귀를 기울여 아이에게 관심과 존중을 주는 것이 아이를 도와주는 것이다. 아이는 부모가 진정으로 자신을 이해해준다고 생각하면 우리의 말에 귀를 기울일 것이다.

그렇다면 우리는 어떻게 하면 훌륭하게 경청할 수 있을까?

먼저, 아이와 눈높이를 맞추고, 몸을 숙여 아이가 우리가 자신의 이야기를 즐겁게 듣고 있다는 사실을 알게 해야 한다. 절대로 아이를 내려다보아서도 안 되며 팔짱을 끼거나 다른 일을 하면서 대충 듣는 것처럼 비춰져서는 안 된다. 부모의 무성의한 모습을 보면 아이는 부모가 진지하게 들을 준비가 안 되어 있다고 생각하고 들어주기를 바라는 마음도 사라진다.

둘째, 아이의 말을 마음대로 끊지 않아야 한다. "이미 알아."라며 건성으로 대답해서도 안 된다. 설령 들어본 이야기라도 "정말 흥미진진해."라고 말하며 관심을 표현해주는 것이 아이를 존중하는 것이다. 그러나 현실에서 우리는 인내심을 잃는다. 아이의 말이 채 끝나기도 전에 "알아, 안다고! 지금 바쁘니까 다음에 다시 얘기해."라고 하거나 "알았으니, 귀찮게 하지 마. 지금 네 이야기를 들어줄 시간이 없어."라고 이야기 한다. 부모의 이런 태도에 아이는 상처를 받고 다시는 부모와 이야기하고 싶지 않다는 생각을 한다. 진정한 사랑은 아이에게 물질적으로 풍족한 환경을 만들어주는 것에만 관심을 갖는 것이 아니라 아이가 좋아하는 일에 관심을 주는 것이다. 그래야 아이가 자신의 관심사를 더욱 발전시킬 수 있다. 이것이 부모가 진정으로 아이를 사랑하는 것이다.

우리가 자신의 이야기에 집중해서 경청한다는 모습을 아이가 볼 수 있게 해야 한다. 이것이 아이를 존중하는 것이다. 아이는 당신의 모습을 통해 자신이 중요한 사람이며 이해를 받는다고 느낀다. 우리는 아이의 말을 들을 때 미소와 함께 때로는 흥미진진한 표정으로 "정말? 굉장한데! 그리고 어떻게 됐어?"라고 열심히 호응해주어야 한다.

러시아의 위대한 작가 체호프는 이렇게 말했다. "자식 교육에서 엄마를 대체할 사람이 없다. 엄마는 자식과 함께 느끼고, 울고 웃기 때문이다. 이론이나 교훈이 엄마를 대신할 수 없다." 부모는 경청하는 법을 배우고 아이의 감정을 진심으로 이해해야 한다. 아이가 이야기를 할 때 '재미있다.'고 표현해주면 정말 '재미있다.'고 생각하게 된다. 아이가 신이 나서 말하는데도 시큰둥한 모습을 보이고 무표정한 얼굴로 아무 말도 하지 않으면 아이는 자신의 마음을 닫아버린다.

아이의 변화는 부모의 변화에서 시작한다. 부모가 자신의 마음을 바꾸고 사랑하는 마음으로 아이의 목소리에 귀를 기울이면, 아이는 마음을 활짝 열고 더욱 자신감 있고 긍정적인 사람이 될 것이다.

5

아이에게 긍정의 이름표를 붙여주자

전국의 '10대 젊은 엄마' 중 하나인 농촌 여성 텐타오화는 '젊은 엄마 독서 활동' 시상식에서 인민대회당 강단에 올라 그녀와 아들의 변화 과정을 소개했다.

> 저는 농민 가정에서 태어났습니다. 제가 엄마가 되어 아이를 만났을 때 정말 어떻게 해야 할지 모르겠더라고요. 저는 아들 텐커가 공부를 잘 못하는 것만 신경 썼지 한 번도 칭찬을 해 본적이 없습니다.
> 한번은 아이가 집으로 돌아와 기쁜 목소리로 말했습니다. "엄마, 오늘 학교에서 버섯볶음 요리를 했는데 선생님과 친구들이 제가 잘 볶는다고 칭찬해주고, 1등 요리사가 되었어요." 나는 별 관심 없는 목소리로 말했습니다. "정말 대단하

구나. 그런데 대학을 가야지 요리사가 될 거니? 성적이 좋아야지, 요리 1등 한 게 뭐가 대단하니?" 우리 모자 사이에는 늘 이렇게 재미없는 대화가 오고갔죠. 아이는 저에 대한 믿음을 잃고 아무리 공부해도 다른 친구를 따라잡을 수 없다고 생각했습니다.

수업을 통해 저는 가정교육이 가정의 언어에서 완성된다는 사실을 알았습니다. 하루 종일 잔소리를 하고 심지어 매를 들었던 저의 모습을 버리고 '좋아. 만족해.'라는 마음으로 인내심을 갖고 설득했죠. 어떤 결과를 얻었을까요?

저는 아이를 대하는 제 모습을 바꾸려고 노력했습니다. 그 결과 아이도 서서히 변하는 것을 보게 되었습니다. 아이는 예전보다 훨씬 더 열심히 숙제를 하고 집으로 돌아오면 늘 제 곁으로 달려옵니다.

어느 일요일에, 텐커는 이웃집 아이와 싸웠습니다. 나는 왜 싸웠는지 상황을 파악하기는커녕 아들을 때리고 혼을 냈습니다. 나중에 우리 아들이 놀림을 당하던 어린 친구를 위해서 대신 싸워준 것이란 사실을 알았습니다. 정말 너무 후회했습니다. 그래서 내가 아이에게 먼저 다가가 나의 잘못을 인정하고, 용서를 빌었고 다른 사람과 싸우는 것은 옳은 일은 아니라는 이야기도 해주었습니다. 아들은 제 모습에 감동을 받고 저와 약속했죠. "엄마, 걱정 마세요. 앞으로는 쉽게 화를 내지 않을게요!" 아이를 바라보면서 저는 눈물을 흘릴 수밖에 없었습니다. "텐커, 엄마는 널 믿어." 저도 진심으로 대답했습니다.

그때부터 텐커는 정말 다른 친구와 싸우지 않았어요. 기말 고사에 아이는 70점이나 받았고요. 늘 공부에서는 낙제였던 아이에게는 처음 일어난 기적 같은 일이예요.

텐타오화와 텐커의 변화는 우리에게 아이를 진짜 바꾸고 싶다면 나 자신부터 아이를 대하는 태도를 바꾸고 아이에게 올바른 방향을 제시해야 한다는 사실을 알려준다. 불만과 못마땅한 마음을 칭찬과 만족으로 바꾸고, 부정적이고 비꼬는 마음을 긍정적이고 칭찬하는 마음으로 바꾸는 것이다. 그러면 우리는 아이의 변화를 기쁜 마음으로 바라보게 된다.

이것은 '긍정의 이름표'의 효과다. 친구, 가족, 환경은 변하지 않는다. 아이만 바뀐 것이다. 믿음, 열정, 긍정적인 마인드와 사고방식 덕분에 성공을 거둘 수 있었다.

우리의 생각은 나의 외재적 결과로 나타난다. 부모가 아이에게 올바른 방향을 설정해주는 것이 아이의 성장에 정말 중요하다. 아이가 진심으로 올바른 방향을 인정하면 마음의 연결고리가 작동하면서 긍정적인 생각을 하게 되고, 생각과 마음은 외적인 모습을 통해 나타나 아름다운 결과를 가져온다.

6

아이가 자신의 가치를 발견하게 하자

사랑은 감정이다. 진정으로 아이를 사랑하는 것은 아이 스스로 자신의 가치를 알게 하는 것이다. 사람은 다른 사람이 자신을 필요로 할 때 자신의 가치를 느낀다. 가치는 인간의 삶을 든든히 지원한다.

내가 원하는 것이 과연 돈을 벌고 싶은 것인지 아니면 돈을 버는 일을 통해 가치를 얻고 싶은 것인지 자신에게 물어보자. 우리는 돈이 아닌 사회적 지위와 가치, 존중을 원한다. 사람이 노력을 해서 도달하고자 하는 최종 목표는 돈과 크게 관련이 없다. 생명의 성장에는 정신적 소속감이 필요하며, 정신적 소속감에서 가장 중요한 것이 바로 가치다.

친구 집에 초대를 받아 식사를 한 적이 있는데, 친구 집은 여유가 있어서 간병인이 두 명이나 있었다. 밥을 먹을 때 친구의 어머니는 소파에 앉아 리모컨을 누르며 중간 중간 졸면서 TV를 보고 계셨다. 어머니는 TV를 집중해서 보지도 않았고 그냥 아무 생각 없이 리모콘을 눌렀다. 나는 친구에게 물었다. "어머니께서 좀 안 좋아 보이시네, 잘 관찰해봐" 그러자 그는 말했다. "말도 안 돼. 매년 건강 검진을 받으셔. 지금 고혈압, 고지혈증, 당뇨병 이렇게 노인 3대 질병을 갖고 계시지만 많은 노인들이 그렇다고 하더라고. 매일 때맞춰 약도 드시고 두 명의 간병인이 돌보고 있어. 드시고 싶은 것도 드시고 하시고 싶은 것도 하시는데 뭐가 문제야."

"너는 인생을 잘 모르고, 사람의 마음을 잘 모르는 것 같아. 저렇게 사시다간 10개월도 못 넘기실 수도 있어."

그는 내 말이 채 끝나기도 전에 말했다.

"말도 안 돼."

나는 그가 너무 강한 부정을 하자 더 이상 말하지 않았다. 나는 이런 사람들을 볼 때마다 도와주고 싶지만 결국 도와주지 못했다.

8개월 후 그의 어머니는 세상을 떠났다. 어머니를 보낸 후 그는 너무 힘들었다. "무엇이 문제였을까? 그때 10개월 못 넘기실 것 같다고 했지? 어떻게 알았어?"

"나는 오랫동안 규칙을 연구했어. 어머니께서 왜 세상을 떠나신 걸까? 그건 아마 스스로 가치를 못 느껴서 그러실 거야. 간병인이 다 해주니까 어머니가 자신의 가치를 못 느끼신 거지."

친구가 간병인을 고용한 것은 어머니를 좀 더 잘 모시기 위한 것이었다. 하지만 이런 결과를 초래할 것으로는 생각을 하지 못했다. 부모님에게 효도하는 것은 부모님이 자신의 가치를 느끼게 하는 것이다. 육체적으로 너무 고된 일만 아니라면 알아서 하도록 해 자신의 가치를 느끼게 해야 한다.

실제로 나이가 드신 부모님에게 가장 즐겁고 기쁜 일은 자식에게 밥을 만들어주는 것일 것이다. 집으로 가면 부모님이 어떤 음식을 준비하건, 맛이 없더라도 이렇게 말해야 한다. “정말 엄마 아빠가 해 주신게 제일 맛있어요!” 우리가 일요일에 부모님 댁에 가서 식사를 할 계획을 세우면 부모님은 며칠 전부터 하루 종일 바쁘게 우리를 위해 음식을 준비한다. 이는 부모님의 가장 큰 가치의 실현이며 자기만족을 선사한다.

아이도 마찬가지다. 아이도 어른들이 자신을 필요로 할 때 자신이 쓸모 있고 위대한 사람이라는 생각을 한다. 부모의 최종 목표는 아이가 자신의 가치를 깨닫게 하는 것이다. 사람이 가치가 있으면 생명에 활력을 준다.

그러나 현실에서는 어떠한가? 아이가 아무것도 못 하게 하고, “공부해야지. 지금 해야 할 일이 뭐니? 100점 받는 것보다 뭐가 중요하니!” 라고 말한다.

아이의 마음속 사랑의 불꽃은 부모 때문에 식어간다. 시간이 지나면서 아이는 부모가 바라는 것은 좋은 성적을 받고 좋은 학교에 입학하는 것 말고는 없다고 생각한다. 그래서 대학에 입학한 후에는 스스로 가치가 없다고 생각한다. 그 이유는 부모가 줄곧 대학 합격만 강조했고 결국 부모가 원하는 대학에 입학한 아이는 더 이상 자신의 가치를 느끼지 못하기 때문이다.

우리가 아이에게 너무 잘 해주는 것이 오히려 아이의 가치를 빼앗을 수 있다. 아이가 놀고 싶어 하면 놀게 하고, 양말을 빨고 싶어 하면 그렇게 내버려 두어 다양한 일들을 스스로 하도록 해야 한다. 아이가 자신의 가치를 느끼려면 부모도 함께 성장해야 한다. 아이에게 사랑하는 마음을 길러주고, 아이가 혼자서 할 수 있는 일을 해낼 수 있는 습관을 길러주어야 한다. 성인이든 아이든 다른 사람을 사랑하고 이해하고 받아들이는 법을 배우는 것은 사랑을 받는 것보다 훨씬 즐겁고 가치 있는 일이다.

진정으로 아이를 사랑한다면 부모는 아이의 앞에서 때로는 '부모도 나약하다.'는 모습을 의식적으로 보여주어 아이가 사랑을 베풀도록 하고 자신의 가치를 만들 기회를 주어야 한다. 부모는 자신을 변화시키는 법을 공부해야 한다. 자신을 높은 산으로 생각하면서 아이를 풀 한포기로 보아서는 안 된다. 서로의 위치를 한 번 바꾸어 보자. 당신의 변화로 아이는 높은 산이 될 수 있다. 당신도 때로는 나약함을 보여줌으로써 아이가 비바람을 막아주는 우산이 되게 하자.

7

아이의 존엄을 지키자

모든 사람은 존엄하고, 존엄을 필요로 한다. 어른도 아이도 모두 마찬가지다. 만일 부모가 아이의 존엄을 지켜주지 못하면 아이의 일생에 영향을 줄 수 있다.

한 학생은 어린 시절 어머니가 그의 존엄을 소홀히 해서 상처를 받았다.
그녀의 어머니는 재봉틀로 다른 사람의 옷을 지어주는 일을 했다. 어머니는 교복 값이 너무 비싸다고 생각해서 아이에게 교복을 직접 만들어주었다. 하지만 학교에서 지정한 교복과 비교하면 컬러와 디자인이 너무 달랐다. 어머니 입장에서는 대수롭지 않은 일이었다. 하지만 다른 친구들과 놀러가고 공연을 해야 할 때 친구들은 그녀가 다른 교복을 입었다며 놀렸다. 공연 당일 그녀는 원래 첫 번째 줄에 배치되었지만 선생님은 그녀의 교복을 보고 그녀를 불참시켰다. 오랫동안 준비한 공연에 참가하지 못하자 그녀는 눈물을 흘리며 친구들의 공연을 지켜 볼 수밖에 없었다. 집으로 돌아와서 그녀는 가위로 교복을 잘라버렸다. '이제부터 치마도 안 입고 예쁜 옷은 절대로 입지 않을 거야.' 라고 결심했다.

그녀는 지금 서른여덟 살이고 아직도 결혼에 대한 생각이 없다. 그녀 스스로 존엄을 잃었다고 생각하기 때문이다. 그녀의 어머니도 수업에 참여하여 그때 일을 이야기했다. "정말 생각도 못했어요. 당시에 저는 돈을 아껴야 한다는 생각만 했어요. 돈은 아꼈지만 딸이 오랫동안 결혼에 대한 뜻이 없어질 거라고 생각도 못했어요."

부모는 어떤 경우라도 아이의 존엄을 지켜주어야 한다는 것을 기억해야 한다. 어떤 환경이나 상황에서도 아이의 존엄을 1순위로 두어야 한다.

모든 부모는 자신의 아이를 사랑한다. 하지만 진정한 사랑은 요구를 하는 것이 아니라 아이를 이해하고 그 입장이 되는 것이다. '어떤 선택을 하든 아이의 사생활을 존중하고 존엄을 지켜야 한다. 아이의 존엄을 지켜주면 아이는 기적 같은 모습으로 보답할 것이다.' 이 말을 꼭 기억하자.

8

가족 에너지를 향상시키자

독일의 계통 심리학 대가 베르트 헬링거Bert Hellinger는 연구에서 다음의 사실을 발견했다. '모든 가족 내부에는 동력이 있다. 가족의 구성원은 동력의 영향을 받을 수 있다. 동력은 사람의 잠재의식의 깊은 곳에 있어 평소에 잘 느껴지지 않는다.' 여기서 말한 동력은 이 책에서 계속 언급되고 있는 '에너지'이다. 우리가 동력을 막고 에너지가 계승되는 것을 단절시키면 가정에서 가정불화, 질병, 자살, 의외의 사고, 폭력 범죄 같은 안 좋은 사건들이 발생한다.

사람의 에너지는 어디에서 오는가? 자신의 노력을 통해서 얻기도 하고 부모를 통해서 오기도 한다. 부모와의 관계가 좋지 않으면 자신의 에너지가 소진된다. 그래서 사람은 자신의 부모와 올바르게 연결되어야 한다. '아이에게 잘 하지 못하는 부모는 없다. 부모마다 자녀 교육 방식이 다를 뿐이다.'라는 것을 기억해야 한다.

사람의 에너지의 원천은 사실 평범하다. 다시 나무와 비교하면 우리가 나무줄기이고, 우리의 아이는 열매이다. 우리의 부모와 조상은 나무뿌리다. 우리는 나무뿌리에 물을 준다. 그 이유는 무엇인가? 나무뿌리에서 영향을 흡수하면 줄기와 열매도 잘 자라기 때문이다. 그래서 만일 자신의 에너지를 저장하고 싶고 아이의 에너지를 키워주고 싶다면 가족 에너지가 잘 통하게 해야 한다. 우리는 부모님과 집안 어른에게 잘하고 아이에게 부모와 어른을 공경하는 법을 알려주어야 한다.

하지만 지금의 우리는 어떻게 하고 있나? 집에서 음식을 먹으면 누구에게 먼저 주는가? 아이에게 가장 먼저 준다. 예전에 사람들은 밥을 먹을 때 부모님이나 어른이 수저를 들지 전까지 음식에 손을 대지 않았다. 어른이 먼저 드실 때까지 기다린 후에 밥을 먹는 식사 예절을 지켰다. 지금은 다르다. 부모는 아이부터 먼저 먹인다. 순서가 잘못된 것이다. 열매에 아무리 좋은 영양을 공급해도 뿌리가 막혀 있으면 나무는 자랄 수 없고, 에너지의 원천도 사라진다.

기업 인사팀 채용 과정에 참가한 적이 있다. 간단한 업무든 중요한 업무든 직원을 채용할 때 나는 그에게 그의 부모에 대해 말해보라고 한다. 지원자에게 "부모님은 뭘 하시나요?" 라고 질문할 때 만일 그가 부모님에 대해 약간의 원망 섞인 말을 한다면 이 사람은 채용할 수 없다. 예부터 자신의 부모를 안 좋게 말하는 사람은 관료가 될 수 없었다.

'피는 물보다 진하다.'라는 말은 부모와 자녀의 사랑이 얼마나 깊은지를 말해주지만 사실 가족 에너지의 중요성을 보여준다. 혈연관계인 부모와 자식 사이에는 독특한 에너지가 연결되고 이 에너지의 연결은 시간이나 공간의 제약이 없다. 아이는 부모의 사랑을 느끼고 부모는 아이의 상황을 느낄 수 있다. 예를 들어 아이가 위험에 처해 있을 때 부모는 갑자기 불안해지는 등 이상한 기분이 든다. 누구나 한 번쯤 경험해보았을 것이다.

물론 부모와 자식 간의 에너지 이동이 막히면 문제가 생기고 가족 에너지의 흐름이 나빠져 아이는 애정 결핍을 느끼고 심지어 공포, 회피, 무기력, 자기 비하 등의 부정적인 감정을 느끼게 된다. 만일 가족 에너지가 정상적으로 흐르지 못하면 아이는 성격 결함을 보이고 부모와의 관계에 장애가 발생할 수 있다. 이는 다음 세대로 고스란히 영향을 주어 가족 에너지에 구멍이 생긴다. 이런 문제를 막기 위해서 우리는 가족 에너지의 막힌 부분을 뚫고 각 가족 구성원이 효과적으로 연결되게 해야 한다. 그렇게 하면 가족 에너지를 향상시켜 아이와의 관계도 개선할 수 있다.

우리는 스스로 먼저 모범을 보여야 한다. 스스로에게 엄격하고, 어른을 공경해야 한다. 그리고 아이를 사랑하는 한편 아이가 어릴 때부터 효도하는 것과 부모를 존중하는 것을 배우게 해야 한다. 그리고 가족 에너지의 막힌 부분을 찾아 에너지가 통하도록 하고 아이의 마음속 나쁜 에너지를 하루빨리 제거해 새로운 에너지를 불어넣어야 한다.

우리는 아이를 사랑하는 것은 물질적인 풍요를 제공하는 것이 아니라 아이의 마음을 편하게 해주고 응원해주는 것이라는 점을 알아야 한다. 그러면 아이는 늘 즐겁고 행복하며 자신감이 넘치고 만족할 줄 아는 사람이 된다.

우리와 부모님, 아이 사이의 가족 에너지가 순조롭게 연결이 될 때 사랑의 에너지가 흘러 아이는 우리의 에너지를 공유하게 되고 심리적으로 위안과 자신감을 얻는다. 우리의 아이는 에너지의 소중함을 잘 알고 건강하고 행복하게 자랄 것이다.

아이의 마음에 자유의 날개를 달아주자

인간이 가장 원하는 것이 자유, 존중, 관심이다. 누구나 '존중과 관심'을 주어야 한다는 것을 잘 알고 그렇게 하려고 노력하지만 '자유'를 준다는 의미를 이해하기란 결코 쉽지 않다. 설령 이해를 한다고 해도 실행에 옮기는 것이 결코 쉽지 않다.

'자유'의 본뜻은 방해받지 않는 상태를 말한다. 자유는 공포나 상처 없이 자신이 원하는 걸 하고 자아 가치를 실현하는 편하고 조화로운 심리 상태를 말한다. 자유는 하고 싶은 대로 할 수 있는 권리와 다른 사람에게 피해를 주지 않는 책임과 의무를 말한다. 칸트는 '자유'는 인간이 자신이 가지고 있는 영역 안에서 스스로 자신이 정한 목표를 추구하는 권리라고 말했다.

우리는 자유가 무엇인지 잘 모르는 상태에서 태어난 순간부터 자유를 추구했다. 어른의 지나친 간섭이나 구속이 없으면 우리는 자유자재로 행동하고 편안함과 즐거움을 느낀다. 그리고 자기가 하고 싶은 일을 하고 재미있는 책을 읽고 흥미로운 게임을 하면서 스스로 더 큰 즐거움을 얻는다. 우리가 추구하는 것은 단지 행동의 자유가 아니라 정신적인 자유다. 정신적인 자유는 마음 가는 대로 자연스럽게 흘러가는 것으로 어떤 특정 사물에 의존하거나 구속되지 않고 진정으로 생명의 근원적 행복, 충만감, 기쁨, 평온함을 누리는 것이다.

하지만 우리가 어른이 되면서 자유에 대한 감정은 서서히 잊혀진다. 우리는 목표를 달성하기 위해 자신의 과거 경험에 따라 자기와 주변 사람들에게 수많은 규칙을 정해놓는데, 이 규칙은 '새장'과도 같다. 우리는 '새장' 속에서 자신을 더 잘 보호할 수 있다고 생각한다. 우리와 주변 사람들이 스스로 정의를 내린 기준 속에서 문제없이 살고 자신의 생각과 '원칙'에 따라 행동하면 목표를 달성할 수 있고 꿈을 실현하며 행복한 삶을 누릴 수 있다고 믿는다. 하지만 실제로 그러한가? 다음의 사례를 보고 다 함께 생각해보자.

> 샤오민은 책을 좋아하는 아이다. 그녀가 초등학교 6학년 때 학교 도서관에서 도서 관리자를 모집한다는 공고가 떴다. 매주 월요일 수업이 끝난 후 도서 관리 업무 지원 봉사를 하는 일이었다. 담임선생님은 학생들의 특기를 확인한 후 샤오민을 선발했다. 샤오민은 너무 기쁘고 영광스러웠다.
>
> 집으로 돌아온 후 샤오민은 들뜬 소리로 기쁜 소식을 엄마

에게 전했다. 그런데 엄마는 그 말을 들은 후 기뻐하기는커녕 오히려 걱정을 했다. 매주 월요일 오후 수업이 끝나면 샤오민은 학원에 가야했다. 이 학원은 성적이 우수한 학생에게만 특별히 보충 수업을 해주었고, 아무나 쉽게 들을 수가 없었다. 샤오민이 올해 졸업 시험을 잘 보고 좋은 중학교에 입학을 해야 하기 때문에 엄마는 반대 의사를 밝혔다. 엄마의 모습은 샤오민을 힘들게 했다. 샤오민은 엄마에게 허락해 달라고 사정했다. "학교에서 공부도 열심히 하고 절대로 성적에 지장을 주지 않을게요. 꼭 약속 지킬 거예요." 하지만 엄마는 도서관 관리자가 졸업 시험에 아무런 도움이 되지 않을뿐더러 성적에 영향을 줄 것이라고 생각했다. 샤오민은 엄마를 열심히 설득했다. 샤오민이 아무리 설득하려 노력해도 엄마는 강경했다. 샤오민에게 도서관 관리자를 못하겠다고 말하라고 했다. 어쩔 수 없이 샤오민은 엄마의 말을 따랐다.

하지만 그날부터 샤오민은 하루하루가 재미가 없었다. 매일 수업이 끝나고 집으로 돌아오면 자기 방에 틀어박혔다. 엄마의 뜻에 따라 억지로 숙제를 끝내고 학원에서 내준 연습 문제도 풀었다. 샤오민이 무엇을 하든 엄마의 마음에 들지 않았고, 엄마의 잔소리도 늘어만 갔다. 엄마의 잔소리를 더 이상 듣고 싶지 않아 샤오민은 일부러 큰 소리로 대답만 할 뿐 자신이 지금 올바르게 살아가고 있는지 판단조차 서지 않았다. 샤오민의 졸업 시험을 위해 엄마는 엄격한 방식으로 그를 대했다. 엄마는 이렇게 해야만 샤오민이 자기 말을 잘 들을 것이라고 생각했다. 샤오민은 자신이 어떤 선택을 하든 시험과 상관없는 일이라면 엄마는 무조건 틀렸다고 생각한다고 여겼다. 샤오민은 이제 독서에도 흥미를 잃었고 매일 자신이 무엇을 하고 싶은지, 목표가 무엇인지도 잊어버렸다. '시키는 대로 하면 엄마는 기쁘겠지? 내가 좋아하는 일은 정말 틀린 것일까?' 라는 생각만 머릿속에 가득했다.

현실에서 많은 부모들이 샤오민의 엄마처럼 행동한다. 아이의 목표를 성취하기 위해 아이 곁에서 함께 노력하는 것은 잘못된 행동이 아니다. 하지만 목표를 달성하기 위해 부모는 아이를 너무 많이 구속하고 너무 많은 요구를 한다. 뿐만 아니라 좋은 성적을 받아야 좋은 학교에 입학할 수 있기 때문에 우리는 아이에게 공부를 잘해야 한다고 강조한다. 아이가 좋은 학교에 가면 부모로서 체면을 세우고 아이가 성공할 수 있다고 생각한다. 하지만 우리가 아이에게 끝없이 요구하면서 아이의 감정은 생각해본 적이 있는가? 진심으로 아이의 목소리에 귀를 기울여본 적이 있는가?

심지어, 우리는 자신의 방법이 옳다는 것을 증명하기 위해 각종 핑계를 댄다. 아이의 미래를 위해 내린 선택은 언제나 옳다고 착각한다. 아이가 받아들이지 않더라도 자신의 방법이 옳다고 믿는다. 그리고 아이에게 "다 너를 위한 거야."라고 말한다. 부모는 아이가 지금은 이해하지 못하고 받아들이지 못하지만 나중에 내 마음을 알아줄 것이라고 생각한다. 경험이 더 많다는 이유로 우리의 목표를 실현하기 위해 필요한 모든 구속과 간섭은 옳으며 아이는 우리가 정해준 길로 가면 목표에 도달할 수 있다고 믿는다.

수많은 사례 연구를 통해서 나는 '인간은 성인이 된 후 유년 시절의 부족한 점, 공허함을 후손을 통해 채우려 한다.'는 사실을 발견했다. 우리는 두 눈을 감고 아이가 진짜 원하는 것을 보지 못하고, 아이가 수많은 제약과 구속 안에서 얼마나 힘든지를 잘 모른다. 그리고 나의 간섭과 집착이 아이의 인생에 많은 영향을 주고 있고, 아이가 나 때문에 경험을 할 기회, 선택할 수 있는 기회를 누리지 못한다는 사실을 모른다.

우리는 아이의 입장이 되어 생각해볼 필요가 있다. 만일 조종과 구속을 당하는 사람이 나라면 우리는 다른 사람이 나를 조종하도록 기꺼이 내버려 둘 수 있는가?

아이는 앵무새가 아니다. 지나친 구속과 간섭 때문에 사람은 원래 자신이 원했던 것을 잊고 서서히 자신의 목표와 꿈에서 멀어진다. 심지어 보이지 않는 상처를 입게 된다. 이 상처는 쉽게 사라지지 않는다. 아이가 스스로의 주인이 되게 하는 것이 진짜 '아이를 위한 것'이다.

부모가 자기 자신부터 변하고 자신의 인생을 새로 쓰면

아이의 미래를 활짝 열 수 있다.

마음가짐
13

좋은 사람 되기

나부터
먼저 좋은 사람이 되자

- 유연한 부모가 되자
- 아이에게 자신만의 세계를 주어라
- 사명감을 갖고 더 나은 나를 만들자
- 부모는 아이의 환경이 되어야 한다
- 좋은 사람이 되지 못하면 좋은 부모가 될 수 없다

1

유연한 부모가 되자

타인을 이해하려고 노력하는 사람일수록 유연하다. 그는 겸손하고, 내려놓을 줄 알기 때문에 생각이 깊다, 처음부터 끝까지 자기중심적인 사람은 유연하지도 않고 포용심도 없고 마음은 닫혀 있다.

우리가 스스로 잘 모른다고 인정할 때 진짜 이해가 시작된다. 행동 과학에서는 이를 유연성이라고 한다. 우리가 자신의 생각을 버리는 순간 깨닫기 시작하고, 유연한 사고가 무엇인지 진정으로 이해할 수 있으며, 다른 사람을 이해하는 공간이 넓어진다. 이는 우리가 부모의 역할을 잘 하기 위한 유일한 방법이다.

부모와 자식의 관계는 사람의 일생에서 가장 중요한 관계이며, 모든 관계의 근원이다. 모든 생명은 이 관계를 통해 존재한다. 아이는 부모의 생명의 연장선이자, 신이 부모에게 자기 수양을 하라고 보내

준 사람이다. 아이가 태어난 순간 모든 부모는 기쁨에 가득 차 있다. 하지만 아이가 점점 자라면서 부모의 불만도 커진다. '왜 우리 아이는 이럴까?', '왜 나쁜 아이로 변할까' 많은 부모가 아이의 변화를 이상하게 생각하고 문제의 원인을 잘 모른다. 그리고 누구의 잘못인지도 모른다. 아이 때문에 싸움을 하고 서로를 비난하는 부부도 있다. 하지만 결론은 하나다. '아이가 이렇게 변했을 때 우리는 어떻게 해야 하는가?'

사실 이는 굉장히 간단한 문제다. 아이에게서 자신의 모습을 찾으면 된다. 아이는 모방 능력이 강해 우리가 걷는 모습, 말투까지 따라하고 우리의 성격, 감정, 사람을 대하는 태도 등도 그대로 따라한다. 아이는 늘 우리의 영향을 받고 있다. '부모는 아이의 첫 스승이다.'라는 말이 있는 것처럼 우리가 바뀌지 않으면 아이는 우리가 하자는 대로 따라갈 수밖에 없다. 하지만 아이를 자신의 거울로 생각하는 부모는 극소수에 불과하다. 부모는 아이가 잘못한 것만 중요하게 생각하지 말고 스스로를 돌아보고 자신의 평소 행동이 아이에게 영향을 준 것은 아닌지 반성할 필요가 있다.

'아이가 건강하게 자랄 수 있게 하는 것은 간섭과 잔소리가 아니라 부모의 모습이다!'라는 사실을 기억하자. 우리는 아이에게 공부만 열심히 하라고 요구하면서 자기 자신은 바꾸려는 생각을 하지 않는다. 우리가 아이의 마음을 이해하고, 유연한 사고로 아이의 성장을 지켜볼 때 아이를 제대로 교육시킬 수 있다.

'나는 교양 있는 사람이 아니고 무식해서 아이를 제대로 가르칠 수가 없다.'라고 말할 수도 있다. 중요한 것은 부모의 지식 수준이 아니라 아이를 어떻게 가르쳐야 할지 고민하고 솔선수범하여 아이에게 올바른 영향을 주는 것이다.

자신은 많이 배우지 못했지만 두 아이를 명문 대학의 장학생으로 키운 농민이 있다. 자식 교육을 하면서 그는 '아이와 함께 성장하고 아이를 나의 스승으로 삼는다.'는 것을 몸소 느꼈다. "저는 어린 시절 집이 너무 가난해서 학교를 갈 수 없었어요. 아이들 공부는 전혀 도와줄 수가 없었습니다. 아이들에게 간섭하지 않고 내버려두었지만 마음이 편하진 않았죠. 그래서 매일 아이들과 함께 공부하고 아이들에게 공부를 배웠습니다. 매일 학교에서 돌아오면 아이들은 저에게 그날 배운 것을 알려주고, 우리는 함께 숙제를 합니다. 제가 이해 못하는 문제를 만나면 아이에게 물어요. 아이도 이해가 안 되는 문제는 선생님께 질문을 하죠. 이렇게 아이는 학생도 되었다가 선생님도 되었죠. 시간이 지나면서 아이들의 성적도 반에서 상위권에 들어갔습니다. 그리고 반에서 1등을 했죠. 지금은 자신들이 원하는 대학에 입학했습니다. 저는 한 번도 아이에게 공부하라고 잔소리를 한 적은 없어요. 하지만 아이들이 하루 종일 열심히 일하고 집으로 돌아온 아빠가 자기와 함께 공부하는 것을 보고 힘이 많이 된 것 같습니다. 그리고 이 과정에서 아이들은 공부의 즐거움을 깨달은 것 같습니다."

대부분의 부모들은 어떻게 하는가? TV를 보거나 핸드폰을 하면서 아이에게는 숙제하라고 소리친다. 그러면 아이는 하는 수 없이 방에서 '숙제'를 한다. 하지만 아이는 공부를 열심히 하기는커녕 마음에는 원망이 가득할 것이다.

물론 부모가 반드시 아이와 숙제를 같이 해야 한다는 말을 하는 것이 아니다. 부모들에게 '아이에게 간섭하고 잔소리 할 때 아이의 감정을 생각해본 적이 있는지, 아이의 마음을 이해해본 적이 있는지, 어떻게 하면 아이가 즐겁고 기쁜 마음으로 당신이 가르쳐준 것을 받아들일 수 있을지 생각해본 적이 있는지.' 물어보고 싶다.

아이가 어떤 학교에 진학하는가는 중요한 문제다. 하지만 부모는 아이를 학교에 보내면 모든 것이 해결된다고 생각해서는 안 된다. 학교는 아이에게 지식을 가르쳐주고, 아이의 미래를 위해 준비하는 곳이다. 부모는 아이의 마음 성장에 정성을 쏟아야 한다.

우리는 이해하고 공감할 수 있는 부모가 되어야 한다. 우리도 아이였을 때 부모의 이해와 응원을 바라지 않았는가? 만일 우리 부모님이 그때 우리를 충분히 이해하고 지지해주었다면 지금 우리의 모습은 달라졌을 지도 모른다. 모든 아이는 자신을 이해해주는 부모를 바란다. 우리가 아이를 이해하는 부모가 된다면 아이와 평등한 관계를 만들고 이는 자식 교육에 큰 도움이 된다. 찬란한 생명이 우리 곁에 찾아왔을 때 우리는 더욱 깨끗하고 경건한 마음으로 그 생명을 받아들이고 정성을 쏟아 인생이라는 여정에서 더욱 찬란하게 빛날 수 있게 이끌어주어야 한다. 우리는 아이를 실패의 희생양으로 만들어서는 안 된다. 우리는 '유연한' 부모가 되어 지혜로 자신의 눈을 밝히고, 아이가 원하는 것을 잘 살펴 진심으로 사랑하는 마음으로 아이를 더욱 이해해야 한다. 부모가 자기 자신부터 변하고 자신의 인생을 새로 쓰면 아이의 미래를 활짝 열 수 있다.

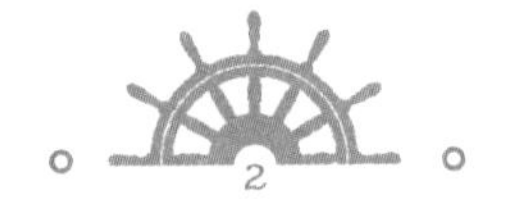

아이에게 자신만의 세계를 주어라

부모는 아이가 자신감이 넘치길 바라지만 정작 자신은 자신감이 어디에서 오는지 잘 모른다. 자신自信이라는 글자에서 '自'는 자기를 말하고 '信'은 자신을 믿는 것을 의미한다. '자신감'은 자신이 말한 것, 행동의 결정이며, 스스로 행했다는 것을 말한다. 하지만 지금 시대를 살아가는 아이는 스스로 어떤 결정을 내릴 필요가 없다. 누가 그들의 결정을 도와주는가? 바로 부모다. 부모는 아이를 위해 학교를 선택하고, 전공을 선택하고 심지어 직업도 선택해준다.

아이가 자신감을 갖길 바란다면 결정권을 돌려주어야 한다. 아이가 어릴수록 결정을 잘 할 수 있는 능력을 기를 수 있다. 아이가 어른이 된 후 인생 문제에 직면하고 중대한 결정을 내려야 할 때 그는 결정할 수 있는 힘이 생긴다. "내가 결정할 수 있어."라고 말할 수 있어야 한다. 부모가 아이 대신 결정을 내리면 그가 어떻게 자신감을 가질 수 있겠는가? 물론 부모가 아이를 도와 결정해줄 수는 있다. 하지만 아이가 훗날 어른이 되어 우리 곁을 떠나 독립을 하게 되는 날 우리는 그제야 문제의 심각성을 알아차릴 것이다. 아이 입장에서는 그때는 이미 너무 늦다.

아이의 모습은 그를 대하는 부모의 모습이다. 아이를 통해 우리는 자신이 과거에 했던 일의 결과를 본다. 자신이 어린 시절을 돌아보자. 우리는 모든 것을 스스로 했는가? 그렇다면 집에서 아이가 스스로 할 수 있는 일은 무엇일까? 부모로서 우리는 '조정자'의 역할을 버리고 아이가 자신의 주인이 되게 해야 한다. '말보다 몸소 보여주는 것이 낫다.'는 말이 있다. 만일 우리가 아이가 어떤 사람이 되길 바란다면 자신이 먼저 그 사람이 되도록 해야 한다. 하지만 현실에서 많은 부모가 자기는 하지 못하면서 아이는 해주길 바란다. 부모는 아이가 자기를 대신해 우리가 이루지 못한 것을 이루어주길 바란다. 하지만 부모의 욕심 때문에 아이는 자신감을 상실한다. 아이의 인생은 부모가 결정한 것이고, 부모가 아이 뒤에서 '조종'해서 만든 것이다. 부모는 자신감을 얻을지 모르지만 아이는 자신감을 잃어버린다. 그래서 부모는 내려놓는 법을 배워야 하고 아이의 마음이 성장하는 것을 방해해서는 안 된다.

많은 부모들이 이 점을 인식하지 못하고 아이를 걱정하고, 아이가 아무것도 못할까봐 걱정한다. 아이가 어릴 때 우리는 그가 신발 끈을 묶기 위해 꾸물거리는 모습을 볼 때 기다려주지 못하고 대신 신발 끈을 묶어준다. 부모가 신발 끈을 묶어주면 더 예쁘고 빨리 끝나겠지만 어떤 결과를 초래할까? 아이는 결국 신발 끈조차 못 묶는 사람이 된다. 아이가 살아가는 데 필요한 최소한의 것까지도 부모가 대신 해주는 것이다.

부모는 아이가 잘못된 선택으로 돌이킬 수 없는 실수를 저지를까 걱정한다. 경악스러운 아이의 실수를 발견하면 분명 화가 치밀어 오르고 생각보다 행동이 먼저 나갈 것이다. 어떤 경우에는 아이를 용서할 수 없다는 생각까지 든다. 그래서 아이를 호되게 혼내고 윽박지른 다음 화가 조금 누그러들면 이렇게 생각한다. "이렇게까지 혼이 났으니 다신 안그러겠지." 하지만 시간이 지나면서 부모는 아이의 나쁜 버릇을 그렇게 고칠 수 없다는 것을 깨닫고 만다. 아이는 여전히 같은 잘못을 반복한다. 부모는 당황스럽다. 마치 내 자식이 아닌 것 같아 낯설기만 하다. "내가 지난 번에 그렇게 이야기를 했는데 왜 말을 안 듣니? 어떻게 또 그러니?" 다시 잔소리가 시작된다.

세 번, 네 번… 아이가 계속해서 같은 잘못을 저지르면 부모의 마음은 무너져내린다. 아이는 왜 그럴까? 부모는 어떻게 아이를 대해야 할까? 이럴 때 먼저 자신을 돌아보자.

어릴 때 우리도 비슷한 경험이 있지는 않았나? 많은 사람들이 부모님을 화가 머리 끝까지 나도록 만드는 잘못을 저질렀다. 어린 마음에 무서워서 심적 압박을 느꼈던 기억이 다들 있다. 그리고 같은 잘못을 반복했던 경험 역시 누구에게나 있다.

그때로 돌아가 생각해보면 그때 스스로를 구제불능이라고 생각했을까? 돌이킬 수 없다고 생각했을까? 아니다. 사람은 스스로에게는 너그럽다. 그런데 왜 아이에게는 그렇게 엄격한 잣대를 들이미는 것일까? 자식이 생기고 부모가 되고 나서는 아이가 같은 잘못을 두 번, 세 번 저지르면 아이를 구제불능이라고 단정짓고 만다. 그것이 현재 부모가 아이를 대하는 방식이다.

우리는 자신의 과거의 잘못은 기꺼이 용서하면서 왜 우리 아이의 잘못은 보듬어주지 못할까? 이것이 바로 우리 문제의 원인이다. 우리는 좀 더 포용하는 마음으로 아이를 대하고 그에게 바로잡을 기회를 주어야 한다.

수많은 일들을 통해 아이는 경험을 하고 마침내 깨달을 것이다. 자신의 잘못이 어디에 있는지 깨닫고 나면 아이는 다시는 그런 행동을 하지 않을 것이다. 그래서 우리는 평정심을 유지하고 포용하는 마음으로 아이를 대해야 한다. 우리도 어린 시절이 있었고 비슷한 경험이 있었다. 부모님이 "이거 하지 마라.", "저거 하지 마라"라고 해도 우리는 부모님의 눈을 피해 몰래몰래 하고 싶은 것을 했다. 왜냐하면 우리는 자신이 크게 엇나가지 않을 것이라고 믿었기 때문이다. 설령 부모님이 우리가 정말 잘못했다고 말해도 우리는 스스로를 믿었다. 하지만 지금 우리는 아이를 믿어주지 못한다. 우리는 아이가 설령 잘못을 해도 스스로 잘못을 깨닫고 고칠 수 있을 것이라고 믿어주어야 한다.

그러면 언젠가는 아이가 갑자기 자신의 잘못을 깨닫고 더 이상 같은 행동을 하지 않을 것이다. 이는 그에게 양심과 이성이 생겼다는 것을 의미한다. 진심으로 잘못을 인정하고 나면 아이는 두 번 다시 같은 잘못을 저지르지 않는다. 예전에 우리가 부모님에게 기대했던 모습을 생각해보자. 그러면 우리는 지금 우리 아이를 어떻게 대해야 할 지 알게 된다.

부모가 아무리 걱정해도 소용이 없다. 언젠가는 아이가 자신의 인생의 주인공이 되어야 한다. 아이가 자랄 때 우리는 아이가 넘어지거나, 힘들어하는 것을 차마 보지 못하고 바로 일으켜 세워준다. 하지만 언젠가 우리가 아이 곁에 없게 되는 날이 오면 어떻게 될까? 같은 일이 또 생기면 아이 스스로 해결해야 한다.

아이는 많은 시행착오와 시련을 겪어야 한다. 시험 기간이 되면 부모는 아이에게 복습을 하라고 잔소리하고, 기호를 만들어주고 심지어 예상문제까지 뽑는다. 부모가 아이보다 더 긴장한다. 자신은 학창 시절에 공부를 열심히 안 했으면서 아이의 시험 기간에는 아이보다 더 진지하게 마치 시험을 봐야하는 당사자처럼 군다. 그렇게 되면 아이가 공부의 주체가 아닌 보조자가 되어버린다.

'공부는 문제를 해결하는 능력을 기르는 것이다.'라는 사실을 아는 아이는 인생을 살아가면서 자기 스스로 문제를 해결해야 한다는 사실을 깨닫는다. 학교는 아이들이 문제를 해결할 수 있는 능력을 길러주는 곳이다. 아이가 공부를 못할 수도 있고, 시험에서 합격을 못할 수도 있고, 같은 반 친구들과 싸울 수도 있다. 이 모든 문제는 아이 스스로 해결해야 한다. 만일 부모가 '예쁘고 착한 아이는 이러이러한 아이'라고 정의를 내려버리면 아이는 부모가 바라는 모습으로 되지도 않을뿐더러 부모와 점점 더 멀어진다.

모든 아이에게는 자신의 마음이 자라날 공간이 필요하다. 우리는 아이를 위해 행동을 아끼고 아이 스스로 경험하고 체험하고 느끼게 해야 한다. 인간이 이 세상에 온 목적은 세상을 경험하기 위한 것이다. 다양한 일상 속에서 무엇이 옳고 그른지를 스스로 공부하도록 내버려 두는 것이야 말로 진정으로 아이를 사랑하는 것이다. 그래서 정말 아이를 사랑한다면 아이가 인생의 쓴맛 단맛, 희로애락을 경험할 수 있게 해주어야 하고, 아이에게 자신만의 세계를 돌려주어야 한다. 우리는 그저 옆에서 조용히 지켜보고 응원해주면 된다. 넘어지는 것은 인생의 필수 과정이다. 이 과정을 넘기고 나면 우리의 아이는 경험을 쌓고 지혜를 얻어 좀 더 찬란한 인생을 만들기 위해 더욱 노력할 것이다.

부모는 내려놓을 줄 알아야 한다. 아이는 자라면서 직접 경험하고 경험을 통해 생각도 열린다. 아이는 부모가 자신을 영원히 응원할 것이라는 것을 알고 있다. 아이는 무슨 일이든 부모와 상의하고 부모는 아이의 결정을 응원하고 지지해주면 된다.

인생은 실패와 성공이 모두 존재한다. 성공이든 실패한 경험도 결국 겪어야 한다. 내려놓는 법을 배워 아이가 스스로 경험하고 성장하게 하자. 그러면 아이는 결코 우리의 기대를 저버리지 않을 것이다!

3

사명감을 갖고 더 나은 나를 만들자

심리학자 연구에 따르면 사람이 성공을 하려면 후천적인 노력뿐만 아니라 부모의 가르침도 중요하다고 한다. 훌륭한 아이는 하나같이 지혜로운 부모 밑에서 부모의 사랑을 듬뿍 받고 자랐다. 교육 전문가인 저우훙周弘은 이렇게 말했다. "씨를 못 심는 농가는 없다. 씨를 못 심는 농민이 있을 뿐이다. 잘못 배운 아이는 없다. 잘못 가르친 부모만 있을 뿐이다." 아무리 척박한 땅에서도 훌륭한 농민이 정성스럽게 농사를 지으면 그 땅은 마르지 않는다. 아무리 부족한 아이라도 훌륭한 부모가 인내심을 갖고 가르치면 아이는 절대로 자기비하에 빠지지 않는다. 농민이 땅을 대하는 태도가 그 땅의 운명을 결정하고 자식을 대하는 부모의 태도는 아이의 성공을 결정한다.

교육은 단순히 지식과 기능을 전수하는 도구가 아니다. 교육의 진정한 의미는 부모가 아이의 롤모델이 된다는 것이다. 부모의 말 한

마디, 행동 하나하나는 아이에게 지대한 영향을 준다. 잠재적인 영향이 아이의 인생을 결정한다.

미국의 한 유명 심리학자는 가정교육이 한 사람의 인생에 미치는 영향과 작용을 연구하기 위해 미국의 각각의 업계 중 성공한 사람 50인을 선정했다. 그는 감옥에서 출소한 범죄자 50인을 선정하고 그들에게 유년 시절 가정교육이 그들의 인생에 어떤 영향을 주었는지 들려달라고 했다.
답장을 한 사람 중에서 심리학자가 꼽은 가장 인상적인 응답자는 두 명인데 한 명은 감옥에 현재 복역 중이고 한 명은 백악관에 있는 유명 인사였다. 두 사람은 마치 약속이나 한 듯 어린 시절 엄마가 사과를 나누어 준 일을 이야기했다.
죄수가 쓴 편지는 다음과 같다.
'어린 시절 나와 동생이 집에서 놀고 있는데 엄마가 사과를 가져와 우리에게 주었습니다. 접시에는 빨간 사과, 초록 사과 등 크기가 제각각이었는데 나는 그 중에서 가장 큰 사과가 마음에 들었습니다. 이때, 엄마는 접시에 있는 사과를 가리키며 나와 동생에게 물었습니다. "어떤 사과를 먹고 싶니?"
나는 그때 "저기 제일 크고 빨간 사과를 먹고 싶어요."라고 말하고 싶었는데 동생이 먼저 빨간 사과를 먹고 싶다고 말하는 것이었습니다. 정말 생각지도 못했죠.
하지만 엄마는 동생의 말을 듣고 그를 혼냈습니다. "얘야, 양보하는 법, 좋은 것은 다른 사람에게 주는 것을 배워야지, 자기만 생각해서는 안 된단다." 엄마의 말에 나는 재빨리 마음을 바꾸고 이렇게 말했습니다. "엄마. 저는 작은 사과를 주세요. 가장 큰 사과는 동생 주세요." 내 말을 듣고 엄마는 기뻐했습니다. 그리고 가장 크고 빨간 사과를 나에게 상으로 주셨습니다. 나는 내가 원하는 물건을 손에 쥐었습니다. 하지만 그때 나는 거짓말 하는 법을 배운 것입니다. 나중에는 싸우는 것, 훔치는 것, 빼앗는 것을 배웠습니다. 내가 갖고 싶은 물건을 얻기 위해 나는 수단과 방법을 가리지 않았습니다. 결국 감옥에 들어왔고 지금 이렇게 복역 중이죠.'

백악관의 유명 인사는 같은 일에 대해 다른 상황을 맞았다.

'하루는 엄마가 빨간 사과, 초록 사과 등 크기가 제각각인 사과를 가져오셨습니다. 나와 두 형은 가장 크고 빨간 사과를 보고 입에 침이 돌았습니다. 그런데 엄마는 가장 크고 빨간 사과를 우리에게 보여주시며 이렇게 말씀하셨습니다. "가장 크고 빨간 사과가 제일 맛있어. 아마 너희들 모두 먹고 싶겠지? 그럼 우리 게임을 해볼까? 정원의 마당을 세 등분으로 나누어 보자. 너희 셋이 각각 한 부분씩 맡는 거야. 잡초를 가장 많이 빨리 정리하는 사람이 이 사과를 먹을 수 있어."

그래서 우리 셋은 공평하게 경쟁을 했고, 내가 가장 크고 빨간 사과를 가졌습니다. 그때 나는 '가장 좋은 것을 얻고 싶으면 노력으로 쟁취해야 한다.'는 사실을 깨달았습니다. 나는 어머니께 정말 감사드립니다. 어머니는 우리에게 단순하지만 중요한 이치를 알려 주셨습니다. 어린 시절부터 어른이 된 지금까지도 어머니는 이런 방식으로 우리를 가르쳐 주셨고, 당신도 몸소 실천하셨습니다. 그래서 우리 가족은 집에 좋은 물건이 있으면 게임을 통해 쟁취했습니다. 굉장히 공평하죠. 바라는 만큼 스스로 노력해야 하는 것입니다.'

자식 교육은 모든 부모들의 중요한 책임이자 사명이다. 교육 방식의 차이가 아이의 인생을 결정한다. 부모는 아이의 나약한 모습이나 아이가 좌절하는 걸 보고 아이가 다른 사람보다 똑똑하지도 않고 재능도 없다고 생각할 수 있다. 하지만 이런 감정의 씨앗이 무의식적으로 표출되어 아이의 자신감과 마음에 영향을 주고 아이가 성공할 수 있는 기회를 앗아버린다.

부모가 자신의 아이를 천부적으로 재능이 있고 똑똑한 아이라고 생각하면 모든 것이 달라질 것이다. 그래서 부모의 사명을 제대로 이행하고 싶다면 우리는 올바르게 아이를 대하는 법을 배워야 한다. 아이를 올바르게 대하는 전제 조건은 바로 이미 알고 있는 사실을 과감히 잊고 나 자신부터 좋은 사람이 되는 것이다.

조바심을 낼 필요가 없다. 모든 아이는 각자의 개성이 있고 장점이 있다. 우리의 아이가 초등학교 성적이 다른 아이보다 못할 수도 있지만 중고등학교에 가서는 우등생이 될 수도 있다. 지금은 아이가 소심한 편이지만 앞으로는 용감해질 수 있다. 아이가 지금은 산수에는 흥미가 없을 지도 모르지만 언젠가는 수학올림피아드에서 상을 탈지도 모른다. 그래서 아이가 특정 시기에 내가 바라는 모습을 보여주지 않더라도 아이를 '바보'라고 생각하거나 '얘는 안 된다.'는 생각을 해서는 안 된다. 아이의 앞에서 자신을 내려놓아야 한다. 내 고집대로 아이를 대해서는 안 된다. 실제로 많은 부모들이 자신의 아이에게 '바보 같아.'라고 쉽게 말한다. 어떤 부모는 '바보'가 애정 표현이라고 말한다. 하지만 부모의 말은 아이의 잠재의식에 들어가 아이를 정말 '바보'로 만드는 '독'이 될 수 있다. 아이는 부모의 말 때문에 자신의 능력을 의심하고 서서히 '무엇을 공부해도 안 되는' 바보 아이가 된다.

씨앗에 비유하자면, 모든 아이는 우량종자다. 핵심은 씨앗이 어떤 것이냐가 아니라 그 씨앗이 자라는 토양이다. 토양이 없으면 종자는 싹을 틔울 수 없다. 만일 비옥한 토양에 종자를 심는다면 두꺼운 뿌리를 내리고 싹을 틔우고 무럭무럭 자랄 것이다. 부모가 아이에게 선사할 수 있는 최고의 교육은 비옥한 토양이 되어 아이 스스로 잘할 수 있게 지지하는 것이다.

하루는 담임 선생님이 학부형에게 의미심장한 메시지를 보냈다. "성적이 좋든 나쁘든 모든 아이는 씨앗입니다. 하지만 꽃 피우는 시기가 다를 뿐입니다. 처음부터 찬란하게 만개하는 꽃이 있다면 꽃을 피울 때까지 오랜 시간 기다려주어야 하는 꽃도 있습니다. 다른 사람의 꽃은 이미 피었는데 내 꽃은 피지 않았다고 조바심 내지 말아야 합니다. 꽃도 저마다 피는 시기가 있다는 것을 믿고 꽃에 더욱 정성을 쏟아 보살펴주세요. 그리고 꽃이 서서히 자라는 것을 지켜보면서 비바람을 이겨내고 찬란한 태양을 만나는 것을 보세요. 얼마나 큰 행복입니까? 아이를 믿고 아이가 꽃을 피우길 조용히 지켜봐주세요. 아이의 씨앗이 꽃을 피우지 못한다면, 그건 아마 부모가 너무 우뚝 솟아 있는 나무라서 그럴 것입니다."

모든 꽃이 봄에 활짝 피는 것이 아닌 것처럼 아이들도 자신만의 꽃 피우는 시기가 있을 것이다. 미국 과학자 매클린 톡McClin tock은 여든 한 살에 노벨 생리의학상을 수상했다. 그녀는 "나는 가을에 피는 국화입니다."라고 말했다.

교육은 생명을 기르고 발전시키는 사업이다. 모든 씨앗은 자신에게 적합한 토지가 필요한 것처럼 아이도 존재의 가치가 있다. 노자의 '도덕자연道德自然'은 대자연의 존재도 나름의 규칙이 있고, 만물은 각자의 자리가 있다는 의미이다. 아이의 성장은 자연의 섭리를 존중해야 한다. 우리는 아이를 대할 때 규칙을 존중하고 나 자신이 좋은 사람이 되고, 비옥한 토양이 되어 꽃이 피는 것을 지켜봐주는 것이다.

부모는 아이의 환경이 되어야 한다

우리는 이 세상에 나와서 가장 먼저 울음을 터트리며 신고식을 한다. 그리고 우리가 소속된 가정에 들어간다. 이렇게 우리와 부모의 인연이 시작된다. 부모님이 없으면 우리도 없다. 이는 생명이 연속되는 방식이다.

생명을 계속 연속시키려면 우리는 자식이 필요하다. 자식은 생명의 존재 의미이다. 하지만 우리가 기대하는 아이의 모습은 아이가 결정하는 것이 아니다. 어떤 가정에서 태어났고 어떤 부모를 가졌느냐가 아이의 모습을 결정한다. 아이라는 거울을 통해 우리는 고쳐야 할 점들을 보고 부족한 점을 발견한다. 완벽하지 않은 자신을 직시하고 받아들일 때 우리는 스스로 변할 수 있고, 진정으로 자신과 하나가 되는 자기합일自我合一을 이루게 된다.

사람이 자신을 받아들이는 법을 모르고 사랑의 본질을 모르면 상대방을 죽도록 사랑하게 된다. 그리고 상대방의 에너지를 소진시킨다. 예를 들면 배우자를 너무 사랑해 잠시만 떨어져도 상심하고, 부모가 자식을 너무 사랑한 나머지 아이가 자기 자신을 올바르게 대하는 능력을 잃게 만든다.

민과 남편은 꽤 능력 있는 부부다. 열두 살 아들 친은 똑똑하고 귀여운 아이다. 친은 중학생이 되었다. 민은 자신의 가정이 사랑과 행복이 넘친다고 믿고 있었다. 어느날 민은 우연히 아들의 노트를 열어보게 되었다. 그런데 그 속에 '아빠, 엄마, 너무 미워요.'라고 쓰여 있는 것을 보고 큰 충격을 받았다. 민은 너무 놀라고 힘들어서 눈물이 멈추지 않았다. 그녀와 남편은 '우리가 이렇게 잘해줬는데 이렇게 사랑하는데 아들은 왜 우리를 미워할까.'라며 아들을 이해하지 못했다.
아이의 성장 과정을 보면서 우리는 문제를 발견했다. "넌 할 필요 없어, 아빠 엄마가 다 해줄게."는 민과 남편이 아들에게 가장 많이 하는 말이었다. 아들이 태어난 후로부터 민과 남편은 아들의 모든 것을 대신 해주었다. 입고, 먹고, 자는 것부터, 친구와 사귀는 것까지, 그들은 아들이 스스로 할 기회를 주지 않았다.
아들의 안전이 걱정되어 학교가 집 옆인데도 그들은 아무리 바빠도 시간을 쪼개서 아이를 데리러 갔다. 아들이 다른 아이와 싸워서 힘들어 할까봐 친구들과 놀 때도 늘 옆에 있었다. 12년 동안 그들은 돌아가면서 아들의 그림자가 되었다. 아이가 학교에 있을 때 말고는 그들은 아이 곁에서 한 번도 떨어진 적이 없다. 아들이 중학교에 들어갈 때도 집에서 가장 가까운 학교를 선택했다.

그러나 부모의 지나친 사랑으로 친은 올바르게 성장하지 못했고, 오히려 성격에 문제가 발생했다. 중학교에 입학한 후 그는 같은 반 친구들의 놀림의 대상이 되었다. 수업이 끝날 때면 친구들은 "아가, 엄마가 데리러 올 거지, 우쭈쭈." 하면서 놀렸다. 친은 갈수록 괴팍해지고 소심한 아이가 되었다. 친은 친구도 없었고, 주관, 용기, 독립적인 능력도 없으며 어떤 일이 닥치면 늘 뒤로 숨었다. 부모의 과한 사랑 때문에 친은 스스로 할 수 있는 능력을 잃었고, 심지어 같은 또래들의 놀림의 대상이 되었다. 그래서 친은 부모를 원망했다.

아이의 모습은 민과 남편이 도저히 받아들일 수 없는 현실이었다. 그들은 자신이 아들을 너무 사랑했는데 왜 아들이 엄마 아빠를 미워하는지 이해하지 못했다. 하지만 나의 조언을 들은 후 민은 그제야 깨달았다.

'아이를 대하는 나의 태도가 결국 지금의 결과를 만들었구나. 내가 아이에게서 실패를 경험하고 실수를 통해 스스로 깨닫고 체험할 기회를 박탈해 아이의 EQ도 떨어지고 심지어 자신감과 용기를 잃게 만들었구나.' 결국 아들은 독립할 수 없고 주관이 부족한 사람이 되었다. 뭐든지 부모가 알아서 해주는 것은 아이의 인격을 존중하지 않고 아이의 능력을 신뢰하지 못한 행동이다. 아이는 인격적으로 부족한 사람이 되었고, 자신도 모르는 사이에 반항심이 생기기 시작했다. 그리고 시간이 점점 흐르면서 부모의 사랑을 거부하게 된 것이다.

사람이 과거의 자신을 진정으로 받아들이면 새로운 삶을 얻을 수 있고, 과거의 경험 속에서 깨달음을 얻는다. 내면이 변하면 외적인 변화도 자연스럽게 따라온다.

나의 조언과 도움으로 민은 마침내 마음 속 깊이 자신이 아이에게 준 상처를 담담히 받아들였다. 그리고 그녀는 깨달았다. '아이의 지금의 모습을 만든 것은 나 자신이었다. 아이를 사랑하려면 먼저 아이를 존중하고 믿는 것부터 배우고, 아이가 스스로 경험하게 내버려두는 법을 알아야 한다. 나는 아이를 지지하고 응원해주면 된다.'

한 사람의 마음이 얼마나 건강한지를 보여주는 지표는 정상적인 지능, 원만한 성격, 양호한 적응 능력이다. 부모는 아이가 어릴 때부터 '자기 일은 자기가 알아서 해야 한다.'는 생각을 갖도록 의식적으로 노력해야 한다. 아이는 스스로 행동하고 결정하는 과정에서 성취의 기쁨을 얻고 자신이 능력이 있다고 느끼고, 자신감을 얻는다. 물론 아이가 실패도 겪을 수 있다. 하지만 비바람이 지나고 나면 무지개를 볼 수 있지 않는가? 실패도 인생 경험이다.

아이를 사랑하는 것은 내려놓는 것을 배우는 것이다. 아이가 자라면서 겪는 시련과 좌절은 그를 강하게 만들어 준다. 아이는 외부 세계에서 자신의 자리를 찾고 고통과 시련을 이겨내고 광활한 하늘을 훨훨 날아다니는 독수리가 될 수 있다.

자신을 받아들이면 자신과 하나가 되는 '자기합일'을 이룰 수 있다. 자기합일의 과정에서 민은 자신의 잘못과 부족한 점을 깨달았다. 생명의 에너지도 다시 움직이기 시작했다. 그녀는 남편과 함께 '오늘부터 아이를 충분히 존중하고 믿고, 내려놓음으로써 아이가 독립적으로 자신의 인생을 대할 수 있게 하자.'고 약속했다.

부모가 되는 것은 자신은 아이가 자라나는 환경이 되고, 자신의 사랑은 태양과 공기가 되어 아이 옆에 항사 있어주는 것이다. 아이를 구속하거나 간섭하지 않고 좋은 기운을 아이에게 물려주어야 한다. 부모는 아이를 받아들이고 이해하는 과정에서 아이를 올바르게 인도하는 법을 배우게 된다. 아이를 잘 기르고 싶다면 수양을 통해 더 좋은 부모가 되어야 한다.

5

좋은 사람이 되지 못하면 좋은 부모가 될 수 없다

부모는 가정과 사회에서 수많은 역할을 하고 많은 책임을 진다. 그 중에서 가장 중요한 책임은 바로 부모를 공경하고 사랑으로 자녀를 가르치는 것이다. 즉, 부모에게 가장 중요한 것은 아이에게 화목한 교육 환경을 만들어주는 것이다. 가정의 화목에는 부부가 각자의 역할을 충실히 하며 책임을 다 하는 것이 필요하다.

아이가 이 세상에 나왔을 때 아이의 인격은 새하얀 도화지와도 같다. 아이는 좋은 점은 취하고 나쁜 것은 피하고 싶은 인간의 본능을 고스란히 가지고 있다. 마치 식물이 태양을 향해 자라는 것처럼 아이는 기쁨을 주는 것은 가까이 하려 하고 고통을 주는 것은 멀리 하려 한다. 심리학자가 말한 것처럼 '위로를 받고 싶고', '고통은 피하려는' 두 가지 습성은 아이를 인격을 가진 생명체로 만든다.

아이가 부모의 관심 속에서 부모의 주변 환경과 서로 소통할 때 부모의 사회 가치관, 관심사, 감정 등이 생활 속에서 아이에게 전해지고, 이는 아이의 인격을 형성한다.

세상에 자식을 사랑하지 않는 부모는 없다. 단지 자식을 사랑하는 방법이 다를 뿐이다. 때로는 부모의 '사랑'이 무의식중에 아이에게 나쁜 영향을 주거나 상처를 줄 수 있다. 특히 아이가 어릴 때는 부모의 모습이 아이의 일생 전체에 영향을 준다. 아이는 부모의 또 다른 자신이며, 아이는 부모를 그대로 닮는다. 좋은 사람이 되면 합격한 부모가 될 수 있다.

좋은 사람이 되는 첫 번째 단계는 바로 부모님께 효도하여 부모님의 좋은 자녀가 되는 것이다.

수많은 사람들은 자신이 부모님께 효도를 한다고 생각한다. 하지만 일이 너무 바쁘고 먹고살기 바빠서, 자식도 키우고, 부모님이 멀리 떨어져 사신다는 이유로 시간이 없어 찾아보질 못한다. 돈을 많이 벌고 나서 더 효도를 잘 하면 된다고, 지금은 돈을 벌기에 정신없어 시간이 나지 않아 부모님께 효도를 할 시간이 없다는 사람도 있다. 혹은 아이가 더 중요하다고 생각해서 아이에게 모든 정성을 다 쏟지만 부모님은 소홀히 하기도 한다.

부모님께 효도하는 일이 결코 거창한 일이 아니다. 일상생활 속에서 부모님을 좀 더 생각하고 배려하면 된다. 부모님을 마음속에 담고, 부모님을 생각하고 자주 안부 전화를 드리고 함께 식사를 하면 부모님은 그것만으로도 충분히 기쁘다. 하지만 '체면'이나 '남의 시선' 때문에 내키진 않지만 억지로 찾아뵙거나 비싸기만 하고 실용적이지 않는 선물을 하거나, 귀찮아서 돈으로 때우는 일은 하지 말아야 한다.

부모님께 물질적인 만족뿐만 아니라 심리적인 위안을 드리는 것도 중요한 효도다. 부모님을 기쁘게 해드리고 부모님께 정서적으로 위안을 드려야 한다. 단지 부모님께 비싼 음식, 비싼 옷을 사 드리는 것이 아니라 부모님의 조언에 귀를 기울여야 한다. 무조건 부모님의 말을 듣지 않는 것은 옳지 않다. 부모님께 말씀드릴 때도 최대한 공손하게 공경하는 마음을 가져야 한다. 그리고 부모님과 이야기를 나눌 때도 기쁜 표정을 지어야 한다. 부모님이 시킨 일은 꾸물거리지 말고 즉시 하도록 한다. 부모님이 잘못을 고쳐주려고 하면 기쁘게 이를 받아들이고 부모님의 잔소리를 한쪽 귀로 듣고 한쪽 귀로 흘려들어서는 안 된다. 부모님이 잘못한 부분이 있다면 부드럽게 조언을 드릴 필요가 있다. 부모님께 조언을 드릴 때 부모님과 대립각을 세우는 행동을 해서는 안 되며, 화를 내서도 안 된다. '부모를 섬김에 있어서는 부모님에게 잘못이 있으면 부드럽고 완곡하게 간하며, 부모님이 나의 간언을 따르지 않음을 알더라도 또한 공경하고 부모님의 뜻을 어기지 않으며, 힘이 들더라도 원망하지 않는다事父母幾諫, 見志不從, 又敬不違, 勞而不怨' 공자께서 하신 말씀이다.

많은 사람들이 행복하기를 바라면서 부모님께 효도하는 것도 행복이라는 사실을 간과하고 있다. 우리는 자기 부모에게 잘하는 사람이 자식에게 잘하는 부모가 될 수 있다는 것을 알아야 한다. 우리는 사소한 일부터 부모님께 효도하고 아이에게 사랑 가득한 환경을 만들어 주어야 한다. 그러면 부모님께는 기쁨을 드리고 우리는 따뜻한 마음과 올바른 행동을 하게 된다. 이는 아이의 올바른 인격 형성에 도움을 준다.

자식의 문제는 부모의 문제다. 부모의 행동이 아이에게 미치는 영향은 실로 막대하다. 부모도 아이와 함께 성장하면서 잘잘못을 판단하는 능력을 기르게 되고 아이에게 좋은 모범이 될 수 있다. 말과 행동으로 하는 교육은 천 마디 말보다 훨씬 중요하다.

부모는 아이의 문제를 발견하면 아이의 상태를 통해 자신의 문제를 살펴보고 이를 고치고 보완해야 한다. 서열을 존중하면 다시 가족의 에너지를 연결하고 가족의 정신과 에너지를 계속해서 발전시킬 수 있을 것이다.

그렇다면 우리는 어떻게 우리의 잘못을 바로잡을 수 있을까? 에너지를 향상시키면 부정적인 영향을 제거할 수 있다. 자신이 바뀜으로써 아이의 변화를 이끌어낼 수 있다. 에너지의 향상은 생각의 향상을 의미한다. 생각의 향상을 통해 어린 시절 마음속에 담겨 있던 부정적인 감정들을 효과적으로 해소시킬 수 있다.

에너지와 생각의 향상은 사람의 삶에 매우 중요한 영향을 준다. 잠재의식에서 잠자고 있는 정보는 컴퓨터 프로그램처럼 우리의 삶과 운명을 좌우한다. 과학적인 방법을 통해 나쁜 감정이 만들어진 시간으로 돌아가 이 감정들을 만들어낸 '씨앗'을 다시 꺼내자. 그 당시 문제를 해결하고 감정을 제거하면 '씨앗'은 사라지고 더 이상 우리에게 영향을 줄 수 없을 것이다. 그러면 사람은 잊지 못한 과거의 기억, 벗어날 수 없는 고통에 더 이상 집착하지 않을 것이다. 부정적인 감정이 일단 사라지면 생명의 에너지를 가로막은 장벽이 뚫려 에너지가 다시 순조롭게 흘러갈 것이다.

좋은 사람이 되지 못하는데 어떻게 좋은 부모가 될 수 있겠는가? 우리가 부모님의 좋은 자녀가 되면 우리는 에너지를 올바른 방향으로 흐르게 할 수 있다. 올바른 에너지는 아이의 성격과 인격 형성에 자연스럽게 영향을 주고 가족의 관계를 개선하고, 모든 가족에게 기쁜 일들을 가져온다. 이는 좋은 가족 에너지를 계승할 수 있는 밑거름이 되어 아이와 자손을 대대로 발전시켜 줄 것이다.

사람은 단순하다. 규칙을 잘 이해하기 때문에 단순한 것이다. 사람은 복잡하다. 자신의 생각을 내려놓지 못하기 때문에 복잡한 것이다. 우리가 스스로를 내려놓으면 다시 출발할 수 있다. 우리가 규칙을 따르면 더 나은 자신을 만들고, 사랑의 변화 속에서 자성自性 (모든 존재가 지니고 있는 변하지 않는 존재성을 이르는 말_역주)을 깨닫고 올바르게 아이를 대하는 방법을 찾을 수 있다. 우리는 진심과 선의를 갖되 집착을 버리고, 감사와 이타심으로 부족한 나를 다시 만들어야 한다. 우리는 아이가 건강하고 즐겁고 자유롭게 성장할 수 있는 환경이 되어 아이의 인생을 더욱 아름답고 찬란하게 만들어야 한다.

아이의 문제는
부모의 문제다

초판 1쇄 인쇄 | 2017년 12월 5일
초판 1쇄 발행 | 2017년 12월 12일

지은이 | 바오펑위안
옮긴이 | 이예원
발행인 | 이원주

임프린트 대표 | 김경섭
책임편집 | 정인경
기획편집 | 정은미 · 권지숙 · 송현경
디자인 | 정정은 · 김덕오
마케팅 | 노경석 · 이유진
제작 | 정웅래 · 김영훈

발행처 | 지식너머
출판등록 | 제2013-000128호

주소 | 서울특별시 서초구 사임당로 82
전화 | 편집 (02) 3487-2814 · 영업 (02) 3471-8043

ISBN 978-89-527-7968-7 03590